像童话一样有趣的科学书

向草和昆虫学科学

（韩）权秀珍 （韩）金成花 著
（韩）郑淳任 绘
孙 羽 译

九 州 出 版 社
JIUZHOUPRESS｜全国百佳图书出版单位

像童话一样有趣的科学书

学习科学是一件非常有趣的事情!

我们的科学书,不应该像沙子一样无味、像墙壁一样坚硬!科学有着漫长的历史,即使是再简单的科学原理,也有很多人为了寻求答案而不停地思考、实验,经历着失败的沮丧和成功的喜悦。在这其中,还发生了很多有趣的故事。

我们在学习科学知识的时候,如果忽略了这些有趣的故事,只是简单地学习科学结果,记忆生硬的公式和理论,就没有任何学习的乐趣可言,更不能算真正地掌握了科学知识。

因此,在这个系列的图书中,我们希望通过更多的故事,为大家介绍科学知识。有些知识在课堂上也许只提到一两句,但是在现在的这套书中,会将前前后后的故事,通通讲给大家听,让

大家学到更多对未来有帮助的知识。

　　草、树木、昆虫、鸟、鱼这些生物每时每刻都存在于大家的周围。为了能够写好这本书，我们投入了巨大的时间和精力。用童话一样的语言和绘图等表现形式，让孩子们既可以与草和昆虫一起玩，又能了解到很多关于植物、动物、生态系统、人体结构、遗传规律等知识。

　　人们最喜欢那些爱笑，有无穷的好奇心，即使是一只小虫子，也会用心去观察的孩子！相信你一定是这样的一个孩子！希望你能够尽情享受有关科学的乐趣！

权秀珍　金成花

目　录

1

一边与草和昆虫玩，
一边学科学

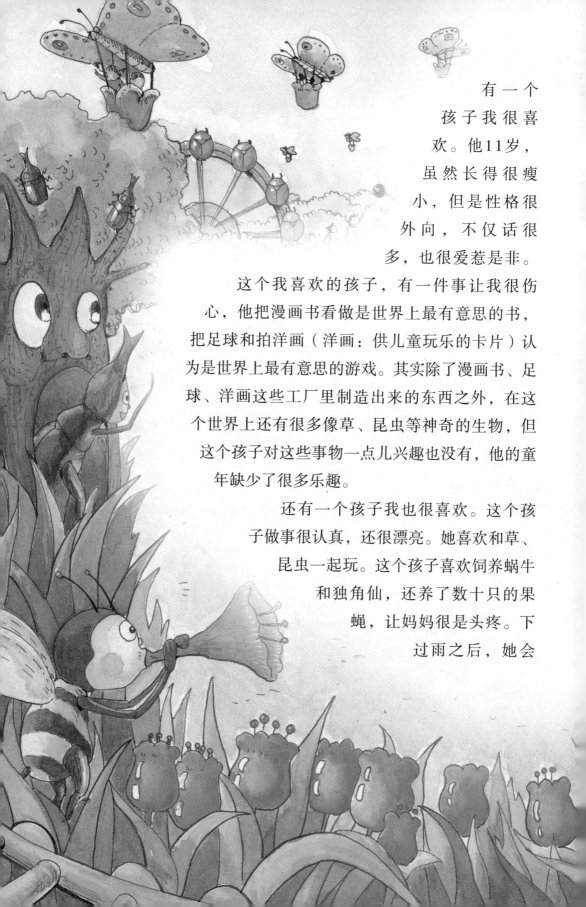

有一个孩子我很喜欢。他11岁，虽然长得很瘦小，但是性格很外向，不仅话很多，也很爱惹是非。

这个我喜欢的孩子，有一件事让我很伤心，他把漫画书看做是世界上最有意思的书，把足球和拍洋画（洋画：供儿童玩乐的卡片）认为是世界上最有意思的游戏。其实除了漫画书、足球、洋画这些工厂里制造出来的东西之外，在这个世界上还有很多像草、昆虫等神奇的生物，但这个孩子对这些事物一点儿兴趣也没有，他的童年缺少了很多乐趣。

还有一个孩子我也很喜欢。这个孩子做事很认真，还很漂亮。她喜欢和草、昆虫一起玩。这个孩子喜欢饲养蜗牛和独角仙，还养了数十只的果蝇，让妈妈很是头疼。下过雨之后，她会立即跑到树底下寻找长出的圆圆的蘑菇，对于自己的发现，她比谁都高兴。

你们是属于哪一类孩子呢？

像那个瘦小的孩子一样的孩子体会不到观察草和树木，昆虫和其他动物的乐趣。有的孩子在家附近的公园中进行"探险"，他们去抓蚂蚁，拾起掉落在地上的种子，细心地饲养小鸡和独角仙。那么，我们大家每天都是怎样玩的呢？

如果你只喜欢踢足球和拍洋画，喜欢漫画书、电脑和纸牌，对草和昆虫一点兴趣也没有的话，你就成了故事中的第一个孩子。

我相信就算对蝴蝶和蝌蚪没有丝毫兴趣的孩子，在读过这本书之后，也会喜欢上和我们共同生活在这个地球上的动物和植物的。如果你一直很喜欢生物，会发现对草、昆虫等生物的观察是一件非常棒的事情。通过这种观察，我们可以知道自己具有多么优秀的能力和巨大的能量。

与动物和植物一起玩是我们可以做到的最好的科学学习了。如果想要系统地学习物理知识，大家还需要再长大一些；如果想要遨游在化学海洋里的话，大家需要做一些较复杂的化学实验。然而我们现在连发明新游戏的时间都没有，再说要想买全化学实验所需的物品也是件很困难的事情；一个人想要完成地质调查，采集化石更是很困难的。但是，大家都知道：草、树木、昆虫、鸟、鱼等生物每时每刻都存在于我们的周围。

 ## 仔细认真地观察也是一种很好的科学学习

大家都是优秀的生物福尔摩斯。只要大家能够下定决心，有恒心，就可以找出藏身于各个地方的瓢虫、蚂蚁、蜻蜓、蝴蝶、蚯蚓和鸟类。在去学校的路上，去给妈妈跑腿儿的路上，在外面玩的时候，去远途旅行的时候……在任何时间，任何地点都可以采集到一些很神奇的东西：藏在树枝上的蚕茧，蝉的外壳，迷路的蚯蚓，不辞辛劳地运送着饼干渣的蚂蚁，树木下长出的圆圆的小蘑菇，带着白色绒毛准备起飞的蒲公英种子，连老师都不知道的建造在学校某个角落的蜂窝……

大人们的脑子里总是想着一些其他的事物，眼睛也比孩子们看得更远，他们根本不会留意到自己的脚底下踩着的是什么东西，但是孩子们却具有这样的能力，即使脚下的是一只小蚂蚁，也可以发现并且为之雀跃不已。

大家对周边的植物和动物的认真观察也是一种很好的科学学习。一位我非常尊敬的老师为孩子们留了一道很有意思的作业题：不要一放学就什么话都不说地一下子跑回家，而在放学的路上仔细观察路边都有什么。另外，老师还和孩子们在美术课上对多种植物和动物进行观察后，在纸上画出来，不仅仅把奖状发给画画技巧很好的同学，还会把奖状颁发给观察得很仔细的同学。即使不把图画纸画满五颜六色，而只是拿铅笔画也是可以的。这位老师不只是依据惯例来进行判断，对只要是细心地进行了观察的同学，都会毫无保留地称赞他们。老师这样说道："大家要仔细观察车轴草、稻花、蜻蜓、蟾蜍等植物和小动物们长得是什么样子。不要只观察模样，还要看看它们都是怎样生活的。"

如果想观察生物的运动，需要很长的时间。如果同学们自己饲养了花金龟或小蜗牛的话，它们是以什么为食物的，是怎样吃东西的，几只在一起的时候是相互打架，还是和平相处，雌雄有什么不同，夜间和白天都做什么等，先把这些想要了解的事情在脑海中想好，然后再进行仔细的观察。

在仔细观察的过程中，我们也会出现一些新的疑问。比如说，在养小蝌蚪的过程中就有可能会产生一些傻傻的想法：是小蝌蚪比较擅长游泳呢，还是青蛙更擅长游泳呢？小蝌蚪长大后会变成青蛙，那么它还会记得自己是小蝌蚪时经历的事情吗？……只要我们产生了很多的为什么，就会问大人或者自己找能够提供帮助的相关书籍。但是如果大人们的回答并没有解除我们的疑问，而书中也没有我们想要寻找的答案时，该怎么办呢？有些知识我们从来没有接触过，甚至连科学家都无法解答，所以也许现在我们没法找出答案。那么我们就此放弃，把这些疑问都丢在脑后吗？当然不是这样的！我们可以做好计划后进行实验，把事先做好的实验计划和实验步骤记录在笔记本上，这也许要比博士们写的理解起来很困难的文章更有意思。这时，我们就已经成为优秀的小科学家了。

　　大家长大后想成为什么样的人呢？足球运动员、设计师、画家、老师、消防员、发明家、舞蹈家……大家有可能从事各种各样的职业，但首先，我们可以把周围的一些生物都放在心里，做一名用心观察生活的孩子。在这个地球上，生活着大约65亿人，但是在地球上还有比65亿数量更多的草、苔藓以及我们肉眼看不到的微生物。这世上没有一模一样的生物，各种生物都有着或多或少的不同。麻雀、喜鹊、乌鸦、布谷鸟、天鹅、鸭子、金鱼、鲤鱼、泥鳅、田螺、松毛虫、蜜蜂、蝴蝶、蜻蜓……

都是不一样的。又小又黑，连
正在干什么都很难用肉眼
看出来的蚂蚁，
它们也有各
自不同的分
工。有负
责生产

的蚂蚁、有搬运食物的蚂蚁、有饲养幼虫的蚂蚁、有看家的蚂蚁、有打架的蚂蚁……

用我们福尔摩斯般的眼睛来观察每一片树叶，会发现每片树叶也是不同的，它们的颜色有所不同，触摸之后的感觉也不同，有的是松软的，有的是粗糙的。叶子的形状也是不同的，有的是很平整的，有的像齿轮，叶子四周的样子也各不相同。

如果大家手里有放大镜，我希望可以这样来使用。拿起放大镜后，趴在草地上看看地上都有什么。去公园的时候，可以采集一些虫子的外壳。我们甚至还可以爬上树，悄悄地观察一枚鸟蛋。我们还可以试着培育一下霉菌，还可以抓一些岩石下的蚂蚁带回家，破坏一下蜘蛛网。如此一来，虽然会听到妈妈的很多唠叨，朋友们也许会觉得你很奇怪，但实际上你已经成为一名优秀的孩子了。孩子没有好奇心就犹如天空中没有了星星一样，是一件令人伤心和沮丧的事情。如果孩子们没有了好奇心，

等到他们长大成人之后，就算花草树木、昆虫和其他动物们都从地球上消失了，他们也会无动于衷的，并不会为之感到伤心。如果这个世界上只剩下了水泥、道路、汽车和人们建造的建筑物的话，好奇心也许就会像烟一样消散了。

　　幸运的是，高山、平原、大地、江河湖海、天空、花草树木、昆虫、鱼类、鸟类、青蛙、松鼠等各种各样的动物还都存在于我们的周围。数百万种的生物生存在这个地球上，大家也是这数百万种生物中的一种。

　　很久很久以前，从生物中产生了新的生物，从新的生物中又产生了新的生物，而作为人类的我们也是其中的一种新生物。今天，我们在学校里学习生物知识，但如果大家并不是源于好奇，而只是为了应对考试的话，大家就不会知道生物的秘密和它们为我们带来的种种惊奇。大家作为这数百万种生物中的一种，如果没有好奇心的话，就会连自己的秘密都不了解，直到长大成人。所以这样是万万不可的！如果大家对于动物、植物以及生命的秘密和进化的历史进行学习的话，其中的许多秘密自然就会了解了。这样一来，大家会拥有比现在更宽阔的胸怀和更愉快的童年。

之

孩子们喜欢昆虫

我知道很多孩子都喜欢昆虫。成焕的宝贝是一只独角仙，在去远途旅行的时候，成焕就会把独角仙放在小桶里面，带它一起去玩。从学校回来之后还会带独角仙去散步。爸爸去登山的时候，成焕就会拜托爸爸看看山上有没有独角仙。灿浩喜欢蚂蚁，在其他小朋友都忙着去补习班的时候，灿浩会拿着小铲子到公园去找蚂蚁。建一饲养天牛幼虫已经有一段时间了，就在不久前，建一终于把天牛养大了，可是天牛却飞出了房间，飞走了。建一不知道因此而哭了多少次。

大家为什么这么喜欢昆虫呢？有的昆虫身体很小，喜欢钻进小洞里，有的昆虫总是热衷于一件事情，虽然在我们看来根本不知道它们在干什么，有的昆虫长大之后，形状和幼虫时期完全不同，似乎把自己小时候的模样都给忘记了。（大家小的时候，也有过这样的情况，吃饭的时候会掉一地的米饭粒，鼻涕流了出来也全然不知，还经常会尿床，大家都不记得了吧？）

与昆虫成为好朋友是一件令人愉快的事情。不用去动物园就可以看到动物，也容易养在家里。即使妈妈不让在家里养，大家也可以在昆虫生活的地方看到它们。昆虫的种类繁多，有蝴蝶、蜻蜓、螳螂、独角仙、苍蝇、屎壳郎、蚊子、飞蛾、蚂蚁、白蚁、蝉、蜜蜂、蚱蜢、蝈蝈、蟋蟀、萤火虫、蟑螂、跳蚤、虱子、蛀虫、蝗虫、水黾、象鼻虫、卷叶象虫、椿象、水龟虫、天牛、独角仙、龙虱，等等，数不胜数。

几天前，有个人问我，为什么昆虫都有6条腿，我这样回答：

"在这个地球上，有在天上飞的微小生物，也有在陆地上行走的微小生物。在以前，研究生物的人们在观察和研究这些小生物的时候，发现有的是6条腿，有的是8条腿，有的是10条腿，甚至有的还达到了几百条腿。但是这其中，6条腿的生物特别的多，所以人们就把具有6条腿的生物统一称作昆虫。"

是这样的。昆虫我们随处可见，在丛林和草地里，在田地和家中，在公园和路边，在江河和荷花池里，在洞穴、沙漠、天空等许多地方都可以看到昆虫。我们每天都可以发现数十只、数百只的昆虫。就像天上的星星无法数清一样，在这个地球上到底存在着多少种昆虫，人们现在还无法全部发现和计算。也许有75万种，也许有150万种，还有可能超过300万种呢。有两条腿的动物，也有4条腿、8条、10条，甚至是数十条腿的动物，也有无腿的鱼类和贝类……

在这个世界上，我们所知道的动物中，6条腿的动物的数量最多。昆虫的数量要比生活在这个地球上的65亿人口的数量多很多。

地球上居然有这么多的昆虫和我们共同生活在同一片天空下，但是奇怪的是，在学校里，我们并没有学到很多有关昆虫的知识。没有关系，只要大家从心里喜欢昆虫，并且经常自己亲自饲养昆虫的话，一样会体会到其中的乐趣，学到很多的知识。

不管编教科书的大人们是不是喜欢昆虫，对于昆虫有没有什么兴趣，我都坚持认为，在学校里应该教给孩子们更多的关于昆虫的知识。而且我认为比起以前，现在正是向孩子们传授更多昆虫知识的时候。因为以前的孩子比现在的孩子有更多接触昆虫，和昆虫一起玩耍的机会。那个时候，农田、丛林、小河沟离家比较近，孩子们可以经常去捕捉蝴蝶和蜻蜓，观察屎壳郎是怎样把排泄物越滚越大的，虫子之间是怎样为了抢占地盘而打架的，有时还会抓蟋蟀和蝈蝈带回家玩。而现在的孩子们热衷的玩具、电视、电脑等物件，这在以前是没有的。以前的孩子们也没有汽车可以坐，走在没有铺设沥青的土路上，一边摘朵花瓣放在嘴里，一边捕捉低飞的蜻蜓，就这样一路走到了学校。但是现在这样的情景几乎都看不到了。现在喜欢昆虫的小朋友都会去文具店买齐饲养昆虫的小塑料箱子和食物。而采集甲壳虫和蝴蝶之后制成标本的孩子现在也不多了。蝴蝶从蛹中破壳而出，展开翅膀飞向天空的情景也许只能通过电视中的动物世界节目看到了。

孩子们如果不能亲眼看到昆虫，不接触昆虫，不去听有关昆虫的故事的话，到了长成大人的时候，就会觉得昆虫是非常恶心和可怕的。我也曾经是这样的，小的时候我非常害怕昆虫，我们班上一位调皮的男同学，悄悄地在我的铅笔盒里放了一只毛毛虫，我在课堂上就号啕大哭起来，并且足足哭了一节课。讲出这段童年往事，我还真有些不好意思呢。一些研究昆虫行为和习性的科学家们都认为昆虫是美丽的，并且具有很强大的能力。在我长大一些之后，觉得观察昆虫、探索昆虫世界是一件非常有意思的事情，并且能够从中体会到很多快乐。所以说昆虫并不是坏东西，如果没有了昆虫，地球反而不会如此美丽和丰富多彩了。

如果学校里能够教给孩子们更多的昆虫知识，也许像我小时候一样害怕昆虫的孩子就会减少很多。学习昆虫的身体构造，昆虫平时都做些什么，它们有着什么样的能力，神奇又有趣的昆虫故事会让每一个讨厌昆虫的孩子都喜欢上昆虫的。

 # 与苍蝇成为朋友

　　从前，有一位叫彻三的孩子，他像饲养宠物一样饲养苍蝇。他一边饲养苍蝇，一边对苍蝇进行观察，和苍蝇一起玩耍。他与爷爷一起生活在垃圾处理厂的附近。彻三没有兄弟姐妹，没有玩具，因为垃圾处理厂的苍蝇非常多，于是，他就和苍蝇成了朋友。（苍蝇会传播疾病，小朋友们可不要饲养苍蝇哦！）

　　彻三在垃圾堆里面捡了很多的玻璃瓶，在这些玻璃瓶里面饲养了许多苍蝇。有又大又黑的苍蝇，有在胸部和背部长有竖纹的苍蝇，有发着蓝光的苍蝇，还有苍蝇的卵。

　　在这其中，有一只苍蝇是彻三最喜欢的，这只苍蝇能发出一种耀眼的金色光，长度大约有2厘米左右，好像苍蝇之王一样，看起来很有一种贵族气息呢！

　　从学校回来之后，彻三就会喂苍蝇东西吃，把苍蝇从玻璃瓶里拿出来之后，玩到天黑都浑然不觉。彻三怎么能拿着苍蝇玩呢？苍蝇有一对翅膀，随时都有可能飞走的。通过仔细观察，发现在苍蝇翅膀的后面有一些类似小棍子一样的东西。在很久很久以前，苍蝇是有两对翅膀的，但是后面的一对翅膀最后退化掉了，只剩下类似小细棍子的样子了。这个小细棍一样的东西叫做"平衡棒"，多亏了这个平衡棒，苍蝇得以上下左右地像玩杂技一样在天空中飞翔，而不会倾斜。所以，彻三有可能是把苍蝇的平衡棒给拔掉了，所以苍蝇就无法飞上天空，只能在原地像跳舞一样打转。（当然，彻三也许连平衡棒是什么，平衡棒是做什么用的都不知道。）

　　彻三把苍蝇放在自己的手臂上让它跳舞，然后再把苍蝇放回玻璃瓶里面去。

　　一天，老师到彻三家进行家访，知道了彻三正在饲养苍蝇。当

时，彻三怕大人们知道他饲养苍蝇，把装有苍蝇的玻璃瓶用布一直盖着，小心翼翼地饲养。但是这位老师非常好，虽然她也认为苍蝇是很脏，很恶心的，但是为了能更了解彻三，并没有制止他饲养苍蝇的行为。在那之后，这位老师也找到一些书开始了解苍蝇。老师想，既然彻三这么喜欢苍蝇，那么为什么不通过苍蝇来让彻三学习呢？

当时，彻三虽然上小学一年级了，但是既不会读书也不会写字。所以老师在笔记本上写上了苍蝇的名字，然后让彻三跟着一起写。彻三开始背苍蝇的名字，并且慢慢开始跟着写字。每当彻三能够写出一只苍蝇名字的时候，他就会把苍蝇的名字写在一张小纸条上，然后贴在玻璃瓶上面。老师还借给了彻三《昆虫图鉴》，彻三看着《昆虫图鉴》，每天都会画一些苍蝇的画。彻三画画的时候很用心，连苍蝇翅膀上的花纹和腿上的绒毛都会画出来。

一天，彻三对苍蝇在哪里产卵产生了疑问和兴趣。他和老师为了观察和找出苍蝇产卵的地点，把垃圾桶、腐烂的草堆、草丛、死去的老鼠身上、海鲜市场、卫生间、肥料堆、酱缸等地点都调查了一遍。在发现了苍蝇卵的同时，彻三和老师也发现了一件奇怪的事情。

在卫生间有很多的家蝇，可是为什么没有蛆（蛆是苍蝇的幼虫）呢？老师让彻三采集各种蛆，然后把这些蛆画出来。彻三在把每一个蛆画出来之后，一眼就发现了一点不同之处：其他的蛆在身体的后段有尖细的突起部分，但是家蝇的蛆就没有这个突起部分！

那么，是不是有突起部分的蛆在像卫生间的排泄物一样潮湿的地方可以生存，而没有突起部分的蛆在排泄物里就会死去呢？

彻三和老师为了解决这个疑问，决定做个实验。他们往面粉里倒上水后搅拌，用来代替排泄物，把后段有突起部分的蛆和没有突起部分的蛆一起放了进去。那么，哪种蛆会活下来呢？

我喜欢的金苍蝇

捕捉地点：食物垃圾桶
食物：动物尸体、腐烂的肉类、排泄物等。
居住的地方：后山

蛆

蛹

我觉得金苍蝇非常的酷，可大人们说苍蝇会传播细菌，所以非常讨厌它。

9月7日　星期三
我们班的XX同学偷了我的金苍蝇，作为食物喂给了他饲养的青蛙。我非常生气，于是咬了他的胳膊，老师批评了我。可是这个同学实在太坏了。

金苍蝇

实验结果显示，果然是有突起部分的蛆活了下来！没有突起部分的苍蝇幼虫只能死掉。所以，雌家蝇不会把卵产在卫生间的排泄物里。

在寒冷的冬天来临之前，彻三和老师忙于采集更多苍蝇的卵，然后观察卵是如何变化的，还画出变化的图。随着知识的慢慢增加，彻三甚至可以制出一张记录苍蝇一生的图表了！

大家有没有像彻三这样特别喜欢的昆虫呢？虽然妈妈可能会不喜欢，但是你也会非常想要饲养的那种动物。如果彻三可以抓住鸟的话，也许就会饲养鸟了，如果他住在护城河或者荷花池的附近，也许就会饲养鱼类了。因为，对于彻三来说，只有苍蝇是无处不在的，饲养起来也不用花钱。

如此细致地了解一只小苍蝇真的这么重要吗？在我们的一生中，还有很多其他的东西需要学习呢！但我很想向大家传达这样一个事实，对于苍蝇的细致了解和学习的乐趣并不亚于学习人类历史的乐趣，同样是一件非常了不起的事情。

知道了苍蝇的秘密也就知道了昆虫的秘密，知道了昆虫的秘密，对生物也就有了一定的了解。对于某种事物的深入了解和掌握都是从很小的一件事情开始的。所有的学习都是这样的。有的孩子喜欢星星，进而对整个宇宙产生了兴趣；有的孩子喜欢各种各样的小石子，进而对整个地球产生了兴趣；有的孩子喜欢小鱼，进而对整个海洋产生了兴趣……

喜欢昆虫的孩子可能并不是喜欢所有的昆虫。有的孩子喜欢蝴蝶，有的孩子喜欢天牛，不过这都没有关系，这些都是一项更好的学习。小小的昆虫们会以数百种、数千种的方式生活，这本身就非常有意思。

昆虫的身体由头部、胸部和腹部构成，具有6条腿，能爬行。不过这些都不是最重要的，并且也不会让我们感到乐趣，这些只是

教科书中的知识。教科书不会对蚂蚁、屎壳郎、马蜂、蝴蝶、萤火虫、螳螂等昆虫的故事一一进行详尽的说明，所以只能教给我们一些昆虫大体的模样，容易记录和记忆的知识。不过这些知识是最基本的，无论在哪里都是要掌握的。但是似乎教科书并没有一种能够使我们从心底喜欢上昆虫的魔力。

昆虫的骨骼在身体的外面，还会变换形状

我知道的一个孩子就像害怕鬼怪一样地害怕苍蝇和蟑螂。也许在大家当中就有这样的孩子，那么大家可以在心中这样想："我讨厌苍蝇和蟑螂，是因为我对苍蝇和蟑螂一点也不了解的缘故。"对于不知道和不了解的东西当然喜欢不起来。苍蝇和蟑

螂的样子一点儿也不讨人喜欢，也很难被抓住，喜欢趴在食物上，要我们喜欢这样的昆虫当然是一件很困难的事。

那么，大家对于苍蝇有多少了解呢？苍蝇在排泄物和腐烂的垃圾等污物上面产卵，卵会变成蛆，也就是苍蝇的幼虫，蛆没有腿也没有头部，长得就像米粒一样。蛆长大之后就会变成蛹，之后我们经常能看见的苍蝇就会从蛹里面出来了。苍蝇繁殖得很快，夏季约10天即能繁殖一代。

另外，还有很多人们不太了解的蝇，比如说虱蝇、蜂蝇、跳舞蝇、麻蝇等。虱蝇像虱子一样依附在鸟的身体上生存。寄生蝇在蜂或者飞蛾休息的时候，会非常快速地在蜂或者飞蛾的身体内产卵，当卵变成了蛆的时候，就会从蜂或者飞蛾的身体里出来了。除此以外还有直接产出蛆的麻蝇。蜂蝇和蜂的外形很相似，可以掩人耳目。另外，蜂蝇的身上长着很多像狗尾草一样的绒毛。在美国的加利福尼亚，还有一种石油苍蝇，专门靠食用掉进石油里的昆虫为生。

昆虫的模样和构造

昆虫是由头部，胸部，腹部组成的。头部，胸部，腹部都是呈节状的。

触角
触角位于头部，有一对。用于识别气味和感知温度和湿度。

口器（嘴）
用于刺插或者吸吮。

头部
草食昆虫的头部是呈四角形的，肉食昆虫的头部是呈三角形的。

眼部
视觉器官有复眼和单眼之分。复眼位于头部的前上方，由许多小眼组成。

胸部
在胸部长有腿和翅膀。

腹部
在昆虫的胸部和腹部有可以让空气进入的小孔。在雌性昆虫的腹部上，有细长的产卵管。

翅膀
大多数昆虫有两对翅膀。少数只有一对，另外的一对已经退化。而像米虫等昆虫则没有翅膀。

苍蝇还有一项很值得炫耀的本领。苍蝇是世界上最棒的飞行员。苍蝇不但飞得快，在1秒钟之内还能扇动翅膀大约500次，是昆虫中最快的。大家可以想象一下，一分钟之内扇动几千次翅膀是怎样一个速度。大家无论多么快速地眨眼，一秒钟最多可能眨3次。苍蝇还可以追赶上时速为65千米的汽车，快速地扇动翅膀还可以在空中保持静止的状态。苍蝇还可以向后飞（无论是什么样的飞机都做不到这一点），还可以在空中翻跟头，就像是玩杂技一样。在蜂飞翔的时候，苍蝇可以不让蜂发觉，并以比闪电还要快的速度在蜂的体内产下数十只卵。

让我们来探究一下苍蝇。

苍蝇是非常小的，所以想仔细观察它非常困难。在显微镜还没有被发明出来的时候，连科学家都不知道在昆虫的体内还有内脏和脑这样一个事实。在大约400年前，显微镜被发明了出来，科学家们终于可以非常细致地观察苍蝇的翅膀、眼睛和腿了。

苍蝇的身体是一节一节的，就像是乐谱上一节一节的音符一样，苍蝇的身体也是成节状的。当然并不是只有苍蝇是这样的，所有拥有6条腿的昆虫都是由头部、胸部、腹部构成的，并且是呈节状的。有的我们用肉眼就可以看出来，这种节状叫做体节。苍蝇的头部，胸部和腹部呈非常分明的节状。而头部、胸部、腹部又分别是由小节组成的，腿部和触角也呈很小的节状。

如果大家有机会可以解剖苍蝇的话，就可以发现在苍蝇身体的内部是没有骨骼的。在我们知道的一些动物中，有的动物体内有着结实的骨骼，而有的动物体内并没有骨骼的存在。像青蛙、鱼类、鸡的体内都是有骨骼的，蛇的身体内也是有骨骼的。老鼠和狮子也是有骨骼的。蚯蚓没有骨骼，另外像蜘蛛、蝎子、苍蝇、硬壳虫、蚂蚁、蜂、蜻蜓、蚱蜢的身体内都是没有骨骼的。不过大家不用太过于吃惊，蜘蛛、蝎子和昆虫的骨骼是长在身体外面的。它们是由结

实的外壳包围整个身体的。它们结实的外壳就相当于骨骼了。像蜘蛛、蝎子、昆虫的结实的外壳叫做外骨骼。

外骨骼会保护昆虫不会摔倒。和我们人类的肌肉是紧贴在骨骼上面一样，昆虫的外骨骼的内侧也是紧贴着肌肉的，这使得昆虫可以自由灵活地活动。但是，由于肌肉全都是紧贴在外骨骼的内侧的，所以苍蝇无论怎么努力运动，我们也无法看到拥有一身肌肉的苍蝇。

那么，苍蝇是怎样呼吸的呢？大家想一想是否看到过苍蝇的鼻孔呢？苍蝇和我们人类不同，它没有肺部和鼻孔，也没有像鱼类一样的鳃。那么苍蝇是怎样呼吸的呢？如果大家有机会用显微镜观察苍蝇的话，可以发现在苍蝇的胸部和两侧各有一行小孔。

苍蝇就是利用这些小孔呼吸的。空气由这些小孔进入一个细长的管子里，通过这个管子向苍蝇的体内输送空气。这个细长的管叫做气管。昆虫都是使用气管来代替我们人类的肺部和鼻孔的功能。气管在昆虫的体内像树枝一样分散开来，把空气运送到身体的各个部位。

上面我们说的都是有关成年苍蝇的知识，现在让我们来看一下苍蝇的幼虫。苍蝇的幼虫是什么样子的呢？苍蝇的幼虫和成年苍蝇是完全不同的样子。看到苍蝇的幼虫，我们甚至不禁怀疑这是不是苍蝇产下的卵，又白又胖，不但没有复眼，连腿和翅膀都没有，看起来也不知道到底有没有头部。只有很小的嘴和身体，而就是这样的幼虫，长成成虫之后会成为"最棒的飞行员"。

在幼虫慢慢变大的过程中，会进行蜕皮，在旧皮里面还会长出新皮，所以经过一段时间，幼虫就会蜕掉旧的皮。进行几次的蜕皮之后，幼虫的外皮就会变硬，颜色慢慢变深，最后变成了蛹的形态。

蛹不动也不吃，而且也不排泄，只是呼吸而已。但是在这里面却孕育着一个新的生命。

在蛹里面，幼虫的血液和内脏都会进行分解，然后形成一种新的生命体。这时，苍蝇的翅膀、外壳、复眼、可以进行交配产卵的生殖器官都会长出来。直到某一天，成年苍蝇就会从蛹里面出来，扇动着翅膀飞向天空了。

昆虫的一生

昆虫会在一生之中变换多种样子。昆虫的一生从卵开始，经过幼虫、蛹、直到长成成虫。样子都是不一样的。

螳螂只经过卵、幼虫、成虫三个过程，且幼虫和成虫的形态差别不明显，这种情况被称为不完全变态。

成虫

幼虫

卵

成虫

蛹

幼虫

卵

七星瓢虫会经过卵、幼虫、蛹、成虫的过程，这种情况被称为完全变态。

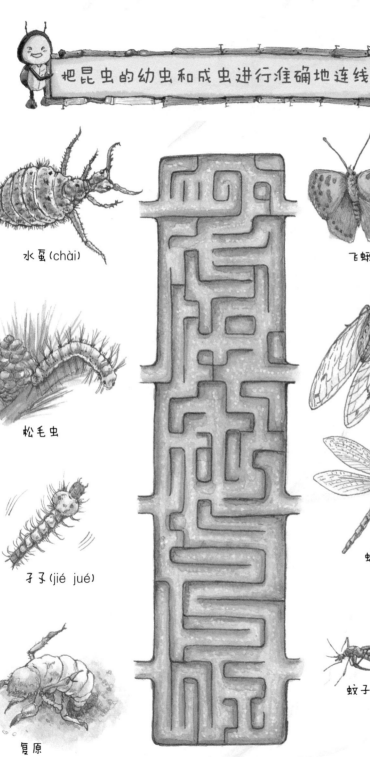

水虿 (chài)

松毛虫

孑孓 (jié jué)

复原

飞蛾

蝉

蜻蜓

蚊子

　　之前还是一条只知道吃得白胖的幼虫，现在已经成为"最棒的飞行员"了！昆虫就是这样进行生长的，金龟子、蝴蝶、飞蛾、苍蝇、马蜂、蜜蜂……这些昆虫都是从幼虫开始成长，直到变为飞翔在天空中的精灵的。当然大家对这点都是清楚的，所以昆虫的变身故事也就能够成为一种常识，印在大家的脑海中了。但是如果没有人告诉大家这些知识，而是亲自看到了一只蝴蝶是如何由卵到成虫的过程的话，也许大家会感到非常神奇，并且会马上跑去告诉朋友和兄弟姐妹们。

　　虽然我们很少能够这样做，但是也不要忘记，昆虫的这种变身是任何生物都无法效仿的，这是一件非常神奇的事情。无论超人和蜘蛛侠变身得如何之酷，都会逊色于昆虫的"变身"呢。能够与昆虫的这种变身相比 较的，也许只有灰姑娘的南瓜马车（南瓜变成了漂亮的马车）和被施了魔法的青蛙王子了。

　　昆虫在从幼虫到成虫的过程中，翅膀的出现是非常奇特的。

　　虽然鸟类和蝙蝠也有翅膀，但那是在很早以前，由它们的两条腿进化而成的。但是昆虫的翅膀却并不是腿或者其他的部位进化而来的。在所有的生物中，只有昆虫具有真正意义上的翅膀。

也许只有天使具有和昆虫一样的真正的翅膀吧。

昆虫的幼虫和成虫不仅仅在外形上是完全不同的，所谓的"虫生目标"也是不同的。幼虫只是为了吃而生存，所以每天做的事情除了吃就是排泄，但是成虫并不把吃作为主要的目标，有的飞蛾没有嘴。蜉蝣连胃和肠子都没有，所以能几天甚至几周不吃一口花蜜和花粉，肚子饿了也全然不知，只是寻找自己喜欢的异性进行交配，为自己的孩子找到最好的生长环境，然后产卵。

为什么昆虫从出生到死亡会以如此不同的方式来生活呢？谁也不知道在昆虫身上为什么会发生这样的事。可能在很久以前，以这种方式生活的昆虫更容易生存下来吧。把自己的旧皮蜕去，以一种新的面貌来重新诞生，这真是一件让人们感到神奇的事情。

25页答案

水虿—蜻蜓，松毛虫—飞蛾，孑孓—蚊子，复原—蝉

3

昆虫诗人法布尔的
科学方法

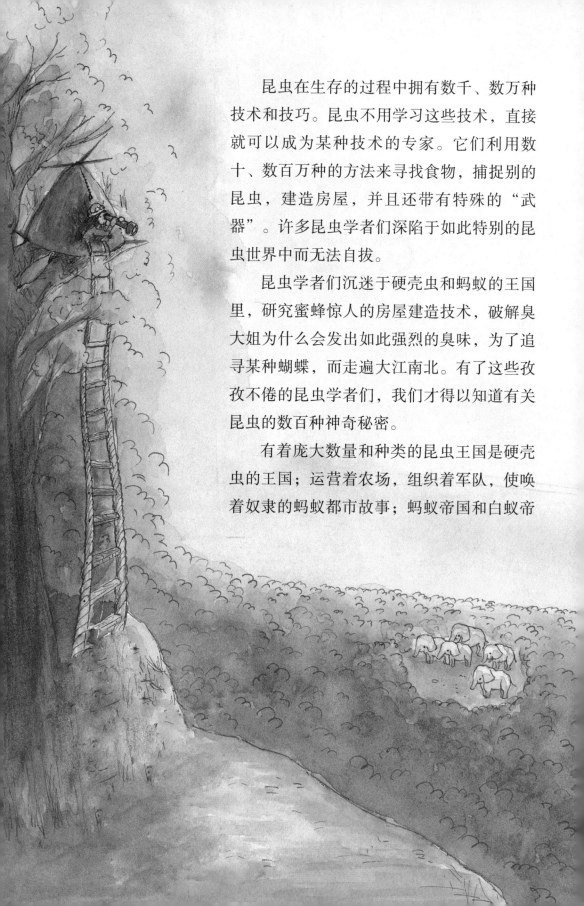

昆虫在生存的过程中拥有数千、数万种技术和技巧。昆虫不用学习这些技术，直接就可以成为某种技术的专家。它们利用数十、数百万种的方法来寻找食物，捕捉别的昆虫，建造房屋，并且还带有特殊的"武器"。许多昆虫学者们深陷于如此特别的昆虫世界中而无法自拔。

昆虫学者们沉迷于硬壳虫和蚂蚁的王国里，研究蜜蜂惊人的房屋建造技术，破解臭大姐为什么会发出如此强烈的臭味，为了追寻某种蝴蝶，而走遍大江南北。有了这些孜孜不倦的昆虫学者们，我们才得以知道有关昆虫的数百种神奇秘密。

有着庞大数量和种类的昆虫王国是硬壳虫的王国；运营着农场，组织着军队，使唤着奴隶的蚂蚁都市故事；蚂蚁帝国和白蚁帝国之间爆发的战争故事；有着强烈气味的臭大姐的故事；有像熟练的泥瓦工一样建造着自己的房屋的蜜蜂的故事；被捕捉住之后会吐出液体水滴的蚱蜢的故事（蚱蜢会吃掉有毒的食物，然后把这些食物作为汁液吐出，作为武器，以驱赶其他昆虫）；把空气像氧气瓶一样附着在身体上潜水的豉虫的故事；有着28000多个小眼，可以同时看到前后、上下事物的蜻蜓的故事；萤火虫发光秘密的故事；为了卵而滚屎球的屎壳郎的故事……

我希望大家都去阅读每一个昆虫的故事。只有这样，我们才能够知道昆虫有多少令人感到神奇的本领。阅读科学家们发现的昆虫的神秘故事，还可以知道昆虫学者们虽然很辛苦，但也是非常特别和有意义的。在这之中，大家千万不要错过法布尔的《昆虫记》，它真的是一本十分有意思的书呢。

不用杀死昆虫也可以进行实验

在以前，大部分的科学家在捕捉住昆虫之后，会给昆虫命名，然后制成标本，把身体解剖之后放在显微镜下进行观察，研究的都是死去的昆虫。而法布尔认为有比这更加重要的事情。他认为，在了解昆虫的生活、本能和习性之前，并不能说是对昆虫有了真正的了解。屎壳郎为什么要滚屎球？屎壳郎所需的排泄物如果被岩石挡住了，它们是怎样取出排泄物的呢？蜜蜂是如何能够准确地找到自己的家呢？把蜜蜂带到很远的地方，或是这只蜜蜂从没有去过的

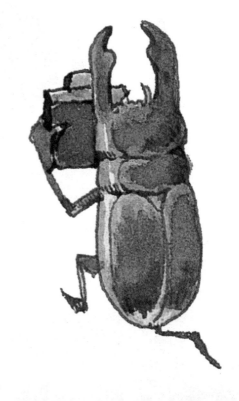

丛林中的话，这只蜜蜂是否还能准确地找到自己的家呢？如果妨碍了蚂蚁的行进，会怎么样呢？幼虫是怎样吃东西的？有一种蜂的幼虫可以吃掉比自己体积大很多的其他昆虫的幼虫，那么这种幼虫是怎么吃掉它们的呢？

如果想要知道这些，就不能把昆虫杀死了，而是要进行仔细的观察和实验。法布尔来到了山坡、山林、田地里寻找昆虫，昆虫是怎样生活的，昆虫每天都在干什么，法布尔是经过了无数的观察和实验才能够写出简单易懂又很有趣的故事的。

法布尔白天教书，晚上一个人苦学，最终完成了大学的学业。

当时，他很想在时间充裕的大学里教书，然后进行自然科学的研究。经过艰苦的努力，他也具备了成为一名优秀教授的条件，然而在教书的同时，法布尔并没有得到能够有大量时间进行研究的机会。

在法布尔46岁的时候，他们一家人被赶出了他们居住的房子。这是因为法布尔在市民讲座中为青少年们讲授了花是怎样受精的，这被认为是非常不庄重的一件事情。把好好待在家里的少年们聚集在一起上课就是很错误的行为了，居然还讲起了雌花和雄花结婚的故事！

法布尔向朋友借了些钱，和家人一起搬到了农村的一座孤零零的房子里，慢慢开始讨厌起学校和那些不斯文的人了。不过法布尔决心要写一本世界上最有意思的科学教科书（这本书就是《法布尔的科学故事》）。这本书出版之后卖得非常好，法布尔也终于可以一边研究他喜欢的昆虫一边生活了。

法布尔定居的地方烈日炎炎，雨水也很少，土地又硬又荒凉，上面还长满了像铁钉一样坚硬的带刺大蓟和疯狂生长的杂草。想要穿过这片危险的土地，需要穿上到大腿部位的高筒胶靴。但是这种土地却是法布尔喜欢的屎壳郎、蜂、蚂蚁、苍蝇、蝎子们的天堂。

法布尔有很多子女，搬到农村的新家之后，他经常和孩子们一起出去观察昆虫，并和孩子们一起写了《昆虫记》。

"孩子们，睡好了吗？我们要在太阳当头之前把工作结束，今天我们去捕捉蚱蜢。"

法布尔每天早上都会叫醒自己的孩子们，然后和他们一起到丛林里观察昆虫。他们会发现哪些昆虫正在建造房屋，还会发现很多小土堆。法布尔在55岁的时候写完了第一册《昆虫记》。在第一册《昆虫记》中，有屎壳郎、彩艳吉丁虫、沙蜂、松毛虫、捕蝇蜂、寄蝇等昆虫的故事。此后，法布尔每三年就会出一本《昆虫记》，三十年如一日，写了有关蝉、飞蛾、蝎子、蜘蛛、螳螂、谷象虫、蚂蚁、苍蝇、虻等等无数昆虫的故事。

捕蝇蜂是怎样找到自己的家的?

夏日的一天，法布尔决定观察捕蝇蜂。他想要知道捕蝇蜂是如何建造自己的窝并且产卵的。捕蝇蜂不是群居的，而是独自产卵并饲养幼虫。由于捕蝇蜂是属于捕猎型的蜂，所以它靠捕食苍蝇等昆虫喂自己的幼虫。在法布尔生活的法国南部，捕蝇蜂是一种非常常见的蜂。

　　法布尔带上黑色的帽子，穿着厚厚的西服，趴在了炎炎烈日炙烤的沙地上观察昆虫。他在西服的兜里放入了饿的时候吃的饼干，虽然有的时候他也会拿上遮阳伞，但是忘记的时候更多。

　　每当法布尔在观察昆虫的时候，强烈的太阳光照射在他的头上，热得好像要起火一样，为了避免烈日的煎熬，法布尔只有躺在小沙堆后面，把头伸进附近的兔子穴中，这样才能降降温。

　　法布尔用了很长的时间来观察捕蝇蜂是怎样在沙地里挖洞穴，建造自己的窝的，一边观察还一边记下了笔记："捕蝇蜂用前脚工作，用4只后脚支持着自己的身体。它先把沙耙起，然后向后拂去，它的动作非常快，使这些连

续不断的沙子看上去像不住的流水一样流到七八寸以外的地方。"

捕蝇蜂把窝都建造好了之后，为了洞口不易被发现，会把洞口和洞口的周边进行一些处理，然后就会出去捕食苍蝇了。法布尔一边等待着捕蝇蜂归来，一边从衣服口袋里拿出饼干吃了起来。

不一会儿，捕蝇蜂叼着一只苍蝇飞了回来，并且非常准确地降落在自己窝的洞口，这只捕蝇蜂用脑袋弄开覆盖在洞门口的沙子，然后打开门进入洞穴内。

过了一会儿，这只捕蝇蜂又从洞穴里出来，再次飞走了。它是又捕捉苍蝇去了吗？还是去休息了呢？

法布尔对捕蝇蜂的洞穴非常好奇，在捕蝇蜂飞走之后，他决定拔开洞穴看个究竟。洞穴有一条隧道，大约有一个手指那么粗，在隧道的末端有一个小屋。小屋足可以容纳3个胡核。这个小屋里只有一只苍蝇和一个白色的小卵。

法布尔对捕蝇蜂进行了几天的观察。捕蝇蜂带着死去的苍蝇回到洞穴，然后把苍蝇放入洞穴中，继续不知疲倦地捕捉苍蝇。

到底幼虫要吃多少苍蝇，使得雌性捕蝇蜂要如此忙于捕捉苍蝇呢？法布尔百思不得其解。所以他把捕蝇蜂的幼虫放在箱子里带回了家。法布尔每天都会给这些幼虫捕捉苍蝇吃，计算一下，一只幼虫在长大过程中居然吃掉了82只苍蝇。

雌性捕蝇蜂在幼虫生长期间要运送回来数十只的苍蝇，如果还要考虑到其他捕蝇蜂的幼虫的话，雌性捕蝇蜂需要捕捉数百只苍蝇，一刻都不能闲下来。令人感到惊奇的是，每次捕蝇蜂捕捉苍蝇回来之后都不会找错家门，并且都是没有丝毫迟疑地直接就找到了自己洞穴的入口。法布尔看过数百遍捕蝇蜂回窝的场面，每次都是一样的。无论法布尔怎么张大眼睛观察和寻找，在洞口以及洞口的周围都没有发现任何标记。

　　到底捕蝇蜂是如何如此准确地找到自己洞穴的入口的呢？捕蝇蜂的准确性到底有多高呢？如果在捕蝇蜂回来的时候，洞穴变了样子，它还能准确地找到自己的洞穴吗？看来这些疑问光靠观察是得不出结论的，所以法布尔决定做一个实验。

实验1
用扁平的石头盖在洞穴的入口。

实验2
捡来还热乎乎的马粪盖住洞穴的入口。

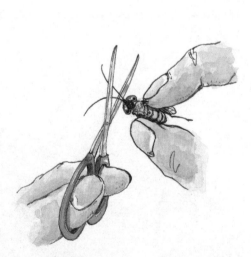

实验3
把捕蝇蜂的触角剪掉。

实验4
把洞穴的顶部去掉。

如此一来，捕蝇蜂还能不能找到自己洞穴的入口呢？

前三次捕蝇蜂全都正确地找到了自己洞穴的入口。在第一个实验中，捕蝇蜂在石头附近不断地飞来飞去，然后找到了石头下面的缝隙，挖开洞口进入到了洞穴里。在第二个试验中，捕蝇蜂把马粪拨开，顺利地进入了洞穴里。而在第三个试验中，把捕蝇蜂的触角剪掉，并放飞较远的地方，捕蝇蜂在一个小时内就又回来了，并且毫不犹豫地找到了洞穴入口，进入了洞穴里面。

法布尔将其剪掉触角，在洞穴入口盖上马粪，甚至还撒上了用于麻醉的醚，但是每次捕蝇蜂都能准确地找到自己洞穴的入口。到底捕蝇蜂是利用了什么方法，才能够如此准确地找到自己的窝呢？

这时，法布尔想到了一个好点子。

实验4。用小刀把沙子抠出来，去掉洞穴的顶部。

在阳光下，洞穴完全展现了出来，可以看到捕蝇蜂的幼虫在吃苍蝇。其他的地方都没有变，这次只是把洞穴的顶部给去掉了，这次的实验又会有怎样的结果呢？

捕蝇蜂准确地落在了洞穴的入口处，但是并不进去，并且在洞穴入口处踌躇，犹豫不决。去掉了顶部，都可以看到幼虫在里面，但是捕蝇蜂只是在寻找洞穴的入口。门去哪里了？门去哪里了？捕蝇蜂用了一个多小时一直在寻找入口，可是幼虫就在眼皮底下啊！

雌性捕蝇蜂不断地飞来飞去，最后到了幼虫的房间，但是雌性捕蝇蜂居然不认识自己的幼虫了！捕蝇蜂甚至踩着幼虫，还在不断地寻找入口，最后一下子把幼虫给踢开了。

为什么会发生这样的事情呢？在之前的几个实验中，无论怎么变换洞穴的模样，捕蝇蜂还是能够找到洞穴的入口，但是为什么在第四个实验中，幼虫就在眼前，却不认得呢？

法布尔根据对捕蝇蜂的实验，慢慢了解了昆虫所具有的一些能力和本能。捕蝇蜂能够建筑洞穴，不辞辛苦地为幼虫寻找食物，总是能够准确地找到自己洞穴的入口。但是这些行动都要遵循一个顺序。虽然洞口是敞开的，但是捕蝇蜂并没有做打开门这个动作，所以连自己的幼虫都不认得了。

　　这个故事只是法布尔观察捕蝇蜂并进行实验故事中的一部分。我虽然很想更加详细地讲一些更有意思的故事，但是不能在这里一一列举了。希望大家都可以阅读一下法布尔的《昆虫记》。

　　法布尔对蜂、蚂蚁、屎壳郎、苍蝇进行了无数的实验，并且通过实验知道了昆虫都会做什么，有着什么样的能力。在《昆虫记》中，包含了观察、实验、新发现等所有的故事。失误和失败的实验；今年没有完成的实验，一直到明年，后年都还在做的实验的故事；为了观察昆虫而挖地的法布尔，被人们认为他知道地下有什么宝物，或者被人当成了魔法师，让人产生了很多怀疑。法布尔并没

有把昆虫杀死，然后放进试验管，而是在蓝蓝的天空下，听着蝉的歌唱声进行观察，法布尔是凭着惊人的毅力进行观察和实验，并且记录下来了昆虫的生活和行动，里面还有不少法布尔的喜怒哀乐。

有的昆虫学者在写昆虫故事的时候，认为结尾是最难写的。《天方夜谭》有一千零一个故事，每天都会给当时的国王讲一个不同的故事，而昆虫的故事也好像一千零一个故事一样，如果都要讲完，一千零一夜都不够。

4

欢迎到狮子营来玩

有一位老师这样问同学们：

"同样100平方米大的房子和帐篷，你们更喜欢住哪个呢？"

所有的同学都喊道："更喜欢帐篷！"

是啊，我特别喜欢这样的孩子们。与100名大人交往，不如和一个孩子成为朋友，因为从孩子们身上学到的东西会更多。这是我的座右铭。孩子们从来没有让我失望过。我最不能想象的是，突然某一天，孩子们都从这个世界上消失了。

某一天早上起床，孩子们全都消失了，这世界上只剩下了大人。这可是比外星人入侵地球，绑架了科学家和总统还要可怕的事情。我可不想生活在这样的世界上。

我每天早上上班的时候都会经过一所小学，我总是会看看昨夜有没有发生什么奇怪的事情，地球的孩子们是不是安全，我才能放心。我认为地球上不是生活着黄种人、黑

种人和白种人等，而是生活着孩子族和大人族。但是现在的孩子们不像以前的孩子那样，有很多时间玩了，这让我非常心疼。

　　所以今天我要给大家讲一个世界上最让人羡慕，最受人尊敬的孩子族的故事。这些孩子生活在非洲，他们不上学，每天都生活在山林深处，家是由帐篷搭成的。（我知道大家十分喜欢帐篷。在四四方方的家里时，大家也会把椅子弄倒，用被子蒙起来，想要做一个房间里的小帐篷。是不是大家的身体里流淌着深山远林洞穴内原始人的血液呢？）帐篷里有衣柜、床和沙发，还有能够放入自己珍藏的东西的抽屉柜。有用于厨房和书房的大帐篷，旁边是卧室帐篷，后面是爸爸和妈妈的帐篷，在旁边是哥哥的帐篷。几天前，弟弟和姐姐也被允许在一个角落里建造自己的帐篷了。最小的妹妹只有6岁，所以现在还不能建造自己的帐篷，但是每天她都和动物、昆虫一起玩，到了晚上就随便到一个帐篷里面睡觉。大家会问了，这讲的是

在非洲出生的原住民孩子
的故事吗？并不是这样的。这些
孩子在几天前还像大家一样在喧闹的都
市中生活，每天都要上学，住在由水泥钢筋修建
的楼房里。

有一天妈妈对他们说：

"孩子们，咱们要搬家到非洲了。"

妈妈这么说的理由是，她以前是一名演员，长期的演员生涯已经让她感到了厌倦，于是产生了想要学习生物学的想法。

孩子们甚至不敢相信自己的耳朵，6个月以后，他们居然真的登上飞往非洲的飞机了。有的孩子很兴奋，但是有的孩子却不愿意去，又哭又闹的。妈妈和孩子们约定，到了非洲，如果有一个人不喜欢非洲，那么就会回来。这样一家人就搬到非洲去了。

到了非洲以后，孩子们很快被那里吸引了，没有一个人想回去。虽然没有干净整洁的家，没有电视、电脑，连热乎乎的洗澡水都没有，但是那里有山林和江河，长颈鹿和斑马，有白蚁、蛇、大象、鳄鱼，还有森林之王狮子呢！吃饭的时候，会看见毒蚂蚁在墙上爬来爬去，房子附近的河里经常有鳄鱼突然出现。尽管如此，孩子们也不愿意和非洲的自然环境，和这些野生动物们分开。

当然也有很多危险的事情发生。有的孩子在鳄鱼出没的江河里游泳时差点儿被鳄鱼吃掉；有的孩子得了疟疾和不知名的热带病。即便如此，孩子们并没有后悔选择生活在非洲。

现在孩子们对丛林里的一切都非常熟悉了，在丛林中追踪野生动物的方法，遇到危险情况时应付的方法，在丛林中独自野营的方法等。在丛林中如果突然遇到了大象群的话要怎么做；怎样做才能保护自己不让蝎子咬到，孩子们都掌握得很好。晚上的时候即使

听到野兽的叫声，也能够安然地入睡。

孩子们在非洲还有了一个新爸爸，妈妈曾说过不会再谈什么恋爱了，可是却与一位在丛林中研究狮子的科学家坠入了爱河。妈妈和这位新爸爸在大象和长颈鹿奇异眼光的注视下，在非洲的平原上举行了婚礼。

孩子们也开始帮助爸爸妈妈研究狮子了。孩子们来到了非洲之后，最先做的就是跟妈妈学习驾驶，因为观察野生动物是一件很危险的事情，所以必须学会驾驶。孩子们每天都开车去研究和观察狮子。大家可以想象一下，一个人开车来到非洲的大草原，和很多狮子一起相处，这是怎样的一种心情呢？

的确是令人非常兴奋的一件事情，心脏也会紧张得跳个不停。有的时候大象会向车冲过来，野狼还会在车的周围转来转去。

在辽阔的草原上寻找狮子并不是一件容易的事情。在没有路，也没有任何标记的平原上，只能根据一些小的土堆、水坑、白蚁的窝为基准来自己标记出狮子所在的位置。狮子们长时间在草原里睡觉的时候也是非常多的，有的时候孩子们在五六个小时内，一动都不敢动，专心致志地观察睡觉的狮子。在丛林里，车偶尔会出现故障，有的时候还会迷路，那个时候，孩子们可不敢妄动，只能静静地听着狮子吼叫的声音，在丛林中过夜了。

非洲丛林中的学校

大家在地图上可以找到一个叫做博茨瓦纳的国家。在博茨瓦纳北部的奥卡万戈三角洲，科学家们正在研究野生狮子。孩子们也在帮助科学家们一起研究。对于狮子，孩子们知道的知识不亚于科学家们呢。

孩子们每天都观察狮子的生活，收集狮子的排泄物，寄给其他国家的科学家们。他们一点也不会去妨碍狮子，对于狮子的研究，它们的排泄物能够提供很多重要的信息。

有一年，在非洲的塞伦盖蒂，狮子们患上了一种传染病，一下子死掉了1000多头。地球上狮子的数量一直就在减少，还发生了这样的事情，不知道以后狮子会不会从地球上消失了。

科学家们为了防止狮子在地球上灭绝，在大自然中细心地观察狮子们的状态。通过观察狮子的排泄物，可以判断出哪些狮子有得病的危险，哪些狮子到了交配的时期，小狮子是哪只成年狮子的孩子等等，这些都要认真地进行记录。狮子群中的狮子数量增加或是减少，都要特别用心地进行观察。

孩子们通过这几年对狮子的观察，把在博茨瓦纳平原上生活的数百只狮子的样子差不多都记住了。并且孩子们都有自己特别喜欢的狮子。

有的时候也会发生令孩子们伤心的事情。狮子们会生病，有时会被别的动物抓住吃掉，母狮子疏于照顾小狮子，导致小狮子死掉的情况也有很多。长时间观察并一起生活的狮子死掉了，虽然孩子们会十分伤心，但仍然仔细地记录下来。死去的小狮子的尸体被鬣狗和秃鹫吃掉的悲伤场面，也要勇敢地去面对。孩子们非常清楚，在大自然中，就算动物在自己的眼前死掉，人类也不能去帮忙，这是大自然的规律。

如果动物并不是因为人类而受到伤害，人类就不要插手野生动物们的生活，这是生物学里铁的原则。在动物得病或者受伤的时候，

它们具有自行愈合伤口的能力，也会自行治愈病痛。这样的动物才能够在大自然中更好地生存，更好地传宗接代。人类插手动物们的生活，只能破坏这些动物在大自然中生存的能力。

一边观察狮子，一边在非洲的丛林深处看到很多野生动物，这样的生活是多么令人兴奋啊。不过这些幸福的孩子并不只是观察动物，对狮子进行研究，他们也会像大家那样学习，甚至比大家更刻苦。（虽然不知道大家以后会成为什么样的人，不过希望大家都可以努力地学习。）

非洲一年四季都是很炎热的，在相对凉爽一些的晚上，孩子们会根据制作好的课程表进行学习。虽然不能去学校，但妈妈和邻居阿

　　姨会给孩子们上很多课。一家人聚集在一起学习，他们十分刻苦地学习物理、化学、生物、地质学、数学和语文等科目。孩子们在计算狮子的数量和记录观察结果时，意识到了数学是多么重要。在生物课的时间里，邻居阿姨会把刚刚死去的牛的心脏、肺、肝、肾脏、眼球放在小冰盒子里带到课堂上。孩子们在邻居的大卡车上解剖牛，并画出解剖图来。在地质学的课堂上，孩子们会学习非洲大陆的历史。在语文课堂上，妈妈会给孩子们留作业，作业的内容是写故事，然后妈妈把孩子们写的故事放在一起，出版了一本叫《奥卡万戈丛林里的学校》的书。

　　这本书是孩子们亲自写的，里面的图也是孩子们自己画的。我希望大家也能够读读这本书。这本书犹如一张寻宝地图，找到了这张寻宝地图之后，大家就可以进行探险了，在探险的过程中，我希望大家可以发现很多珍贵的宝物！

 ## 孩子们，让我们成为现场生物学家吧！

像这些孩子们一样在大自然中亲自观察和研究动物的科学被称为现场生物学。现场生物学是一门非常有魅力的科学。科学家们大部分都是在枯燥无味的实验室中反复进行着同样的实验。我虽然非常尊敬这些科学家，但是在有趣而又新奇的现场生物学领域中工作的科学家更让我羡慕和尊敬。

现场生物学家并不会把动物捕捉回来杀死，然后对它们进行解剖。现场生物学家们是到野生动物生活的地方，找到动物们的窝，在大自然中悄悄地观察动物。无论多热多冷，多危险，科学家们都不在乎。（野生动物们的生活圈现在总是被向外围推，所以科学家们不得不到更远，更危险的地方去观察野生动物。）

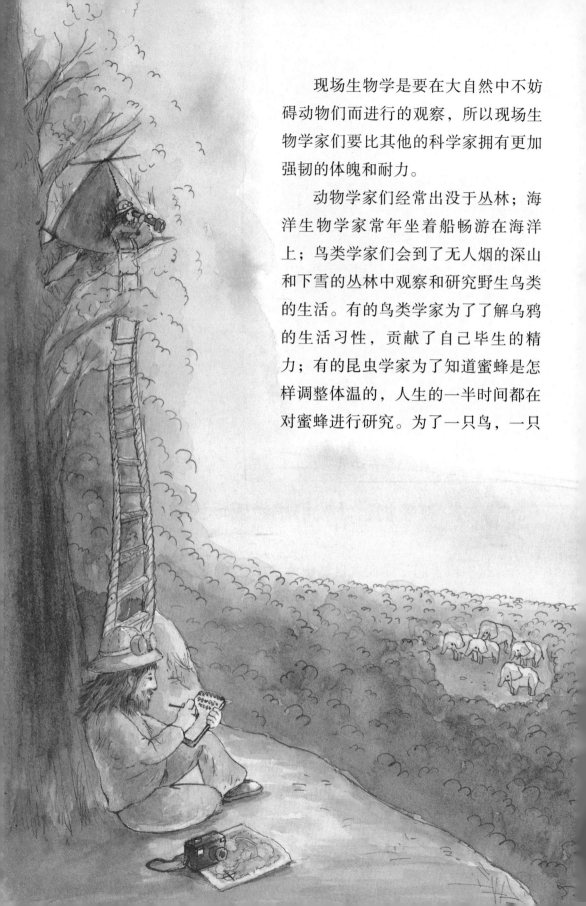

　　现场生物学是要在大自然中不妨碍动物们而进行的观察，所以现场生物学家们要比其他的科学家拥有更加强韧的体魄和耐力。

　　动物学家们经常出没于丛林；海洋生物学家常年坐着船畅游在海洋上；鸟类学家们会到了无人烟的深山和下雪的丛林中观察和研究野生鸟类的生活。有的鸟类学家为了了解乌鸦的生活习性，贡献了自己毕生的精力；有的昆虫学家为了知道蜜蜂是怎样调整体温的，人生的一半时间都在对蜜蜂进行研究。为了一只鸟，一只蜜蜂，奉献了自己的一生，这其中的奥秘是什么呢？地球生物生存的秘密中蕴含着太多神奇的不解之谜。

　　科学家们发现了很多人们想象不到的，令人惊奇的有关宇宙、地球和物质的秘密和事实。宇宙在150亿年前随着大爆发而诞生的故事；宇宙正在慢慢变大的故事；发生在比原子还要小的基本粒子世界中的故事；地球上的大陆漂移的故事，等等。

　　现在，依然有很多生物秘密需要科学家们一一解开。科学家们到现在还不清楚鲸遥远的旅行之路；在温度极低的丛林深处，小鸟们为什么不会被冻死；济州岛蝴蝶如何飞过了海洋，飞到江原道的高山上等。这些未解的谜团还有很多，这些故事都足以把图书馆占满了。

　　在我们生存的地球上，到目前为止大约还有数百万种科学家们没有将其命名的生物。有位昆虫学者决定调查一下在热带雨林中生活着多少我们所不知道的昆虫。

这位学者来到了非洲雨林，并且爬上了粗大的猴面包树的顶端。这位学者将一把巨大的雨伞打开，倒放在了树底下，然后在树顶上使劲摇晃树枝，看看有什么样的昆虫掉下来。

结果这位学者只认识几只以前看到过的昆虫，很多长相奇异的昆虫是任何昆虫学家都没有见过的。在发现了新的生物之后，学者们就会变得非常忙碌。采集昆虫标本，并将标本寄给世界上一些著名昆虫学者们，举行会议，对之前到底有没有见到过这种昆虫进行调查，如果真的是一种新种类的昆虫，那么应该如何将它归类，在观

察和研究过这种昆虫的形态和生活之后，给这种昆虫进行命名。

在我们肉眼看不到的微生物世界中，这种事情发生的频率更高。随着世界各地的科学家陆续发现新的生物，几乎连给新生物命名的时间都没有，只有先用数字和符号来进行区分，甚至还会发现新种类的动物。（1976年，在夏威夷，科学家们发现了一种新种类的鲨鱼；1990年，在越南发现了新种类的羚羊；在巴西发现了新的灵长类动物皇绢毛猴。）

在人类从动物手中夺走土地之前，动物的数量要比现在生活在地球上的更多。现在的动物大多生活在非洲、亚洲、巴西的热带雨林、北美了无人烟的寒冷丛林深处和人类少有踏足的北极和南极的两端，艰难地过着群居的生活。

在韩国，除了一些小昆虫和几种鸟类之外，在大自然中的动物几乎全都消失了，如老虎、狼、豹子、狐狸、獐子、鹿、狸猫、熊等。100年前，韩国的丛林深处还生活着各种大大小小的动物，但是到现在几乎都看不到什么动物了。

5

动物都是从哪里来的呢？

虽然我们的眼睛并不会全都看到，但地球上确实生存着数量非常之多的生物。有的时候，我会产生很奇怪的想法。为什么地球上不是只生存着人，还生存着蜻蜓、麻雀、秃鹫、松鼠、蝙蝠、青蛙、蛇、鳄鱼、章鱼、蚯蚓、海星、鲸、蝎子、猴子、长颈鹿、狮子、海蜇、跳蚤、虱子、蚜虫等动物呢？

我在这里列举的只是我知道的动物，除此以外还有很多连名字都不知道，也不知道长什么样子的动物。借助动物图鉴可以了解这些动物，但是由于数量太多了，也许熬夜读也读不完呢。

那么为什么地球上会有这么多的动物生存着呢？也许有很多的动物我们都无法见到，没有听过，也无从知晓。

地球上生存着如此多的动物的原因也许谁都不知道。人们在不具有丰富的知识的时候，认为所有的动物都是为了人而存在的。它们为人类提供食物，给人类带来快乐。

人们从很久以前就开始把野生动物驯养成家畜进行饲养，把一些珍稀动物关起来供人类参观。鸟儿们发出动听的鸣叫声；鹦鹉还会学习人的语言；小猴子通过耍杂技为我们的生活带来了乐趣；而老虎、豹子等猛兽则成为人类捕猎的对象，人们通过捕猎它们产生征服感、满足感。

现在，还有很多动物被关在动物园里，成为人们的参观对象，成为人类的食物。很多动物被集中关在地狱一般的地方遭到残忍宰杀，而老鼠、兔子、猴子、黑猩猩、青蛙等动物则成了实验的对象。

大家每次去动物园的时候也许都很兴奋，但是生活在动物园里的动物可能并不那么愉快。虽然有的动物在动物园里会生活得很好，但是对更多动物来说，它们并不会得到自由和幸福的生活。动物园里不仅有大象、长颈鹿、河马等较大的动物，还有很多的小动物。鼹鼠和刺猬本应该是靠挖掘洞穴生活的，但是在动物园里，只是在混凝土的地面上，用玻璃隔断成很小的空间，然后把它们关在里面。虽然设置了和地下较暗的环境相似的照明设备，但是在那里既没有土壤，也没有洞穴，更没有朋友，这样一来就把鼹鼠和刺猬的乐趣全都剥夺了。它们原本可以在地下挖掘洞穴，在里面建造自己的房屋，靠土的气味来寻觅食物，但是身处动物园里的鼹鼠和刺猬并不知道自己为什么会在这里，并且可能一生都要在这里度过。

大猩猩也许是动物园里最受欢迎的动物之一了。

但是大猩猩却是不能够生活在这种玻璃窗里面的，它和我们人类一样，无法独自生存。大猩猩本来是在山林深处与自己的家族过着群居生活的。它们也有思想，也会烦躁和痛苦。大猩猩在热带茂密的丛林里摘取树上的果实吃，有的时候还会破坏地下的白蚁洞。晚上会在结实的树枝之间铺上柔软的树叶，怀抱着自己的孩子入睡。

但是在动物园里，大猩猩被一只一只地放在水泥地和玻璃窗组成的环境里，有的大猩猩死气沉沉地趴在地上，有的大猩猩生气地敲打玻璃窗。我每次在动物园看到大猩猩时都感到十分心痛。大家仔细看看动物园里大猩猩们的眼睛，那双大大的眼睛也许会告诉我们它们真正想要的生活是什么样子的。

 ## 细菌比动物产生得更早

生活在地球上的生物并不是都为了人类而生存，如蝗虫、硬壳虫、刺猬、蛇、大象、青蛙、水龟、牛、带鱼、野猪、蚯蚓、大猩猩、蚂蚁、鸡、鸭、鱿鱼等，我们人类也是这诸多动物中的一个种类。

生物是在很久以前出现在地球上的，到现在还不能准确解释生物出现的原因。

在浩瀚的宇宙中，是不是只有地球才存在生命体，对于这个问题，科学家们只有摇摇头了。

到现在为止，我们在其他任何行星上都还没有发现生命体存在的迹象和信息，至少在离我们地球较近的行星上可能并不存在生命体。

那么在地球上是如何产生生命的呢？

对于这个问题，也许谁都无法像回答"1+1=2"，"物质都是由原子组成的"这样准确地给出答案。科学家们也只是对地球上是如何产生生命的，之后又发生了什么等疑问，通过无数的实验、化石资料、分子遗传学等进行推测。随着资料积累的增多，更多的研究在进行之中，大部分的科学家是这样推测生命的诞生的：

在距今38亿年前，地球还是一颗非常炙热的星球的时候，生命最初是从海洋里诞生的，那时地球的气候也没有像现在一样平静，天空中不停地闪电。在地球的原始大气中，含有甲烷、二氧化碳、氨气和水蒸气，这些物质经闪电作用后结合产生了一种叫做DNA的神奇分子（当然，当时这种神奇的分子并不清楚自己会在很久很久以后被命名为DNA）。

然而更加令人惊奇的事情发生了。DNA分子自己产生了膜，成为一个在水中漂浮的小口袋。这个小口袋被科学家们称为细胞。（生物学家认为DNA分子产生膜是一件十分重要的事情。如果没有产生膜的话，DNA分子也只是一个分子而已，就不能形成生命了。）

这个世界上最初产生的生命体就是从这样一个细胞开始的。而这个细胞的子孙们直到现在都还生活在这个地球上，这就是存在于地球各个角落的细菌。

细菌是一种神奇的生命体，到现在已经在地球上生存了38亿年，就算这之后地球上会发生什么大的事情（比如说行星撞地球，外星人袭击地球把我们都消灭了等），也许只有细菌能够生存下来。有的细菌无论在多么寒冷和多么炎热的地方都可以生存，在百年干旱的沙漠中，在很咸的盐水中都可以生存。有的学者甚至主张把细菌放入寒冷黑暗的宇宙中，认为它们仍然可以以孢子的形态生存数亿年。

大家不要忘记，在我们的口中，指甲缝里，存在着数亿个细菌，它们可是生存了38亿年的值得尊敬的生物后代。

细菌可以生存38亿年的秘密隐藏在DNA里面。DNA是宇宙中最令人感到惊奇的分子。无论什么样的科学家都无法在实验室里面制造出DNA来！而DNA可以自己去复制与自己一样的DNA，它具有惊人的无限分裂的能力。

拥有DNA的细胞分裂成2个、4个、8个、16个、32个……不断地进行分裂。

如果在38亿年前的地球上只是发生了这样的事情的话，现在地球也只是与最初一样，只有无数的细菌生活在这里了，这样地球也会变成一个很枯燥无味的行星了。幸运的是地球并没有变成这样，DNA在进行自我复制的时候，有时也会出差错呢！

DNA不是永远都会复制出一模一样的DNA，在非常偶尔的情况下会出差错，产生与本来的细胞模样和性格完全不同的细胞，这种情况被称为突变。

大家也可能听到过很多次"突变"这个词。也许大家听到过你长得既不像爸爸，也不像妈妈这样的话。但是，突变从另外一个角度来看，是大自然的一种恩惠。如果没有突变的话，这个世界就会很枯燥无味。

虽然是很偶尔的情况，但是在很久以前，因为细菌的身上发生了突变，所以有的细菌的样子产生了变化，生存的方式也会变得不同，吃食物的方法也不同了。最开始，细菌是靠食用从火山口中冒出的强烈的硫黄气体生存的，后来开始逐渐地捕食其他的细菌，还有的细菌是靠阳光生存的。

有的时候，两三个细菌还会合并在一起，在一个细菌里聚集生活着多种细菌。细菌会互相捕食，最后凶狠的细菌得以生存下来。有的细菌还进入别的细菌内复制自己的DNA。在一个细胞体内又产生了一个细胞，在这种情况下，这个细菌就变成别的生物了，也就不能再叫做细菌了。细菌到现在还是只有一个细胞，所以被称为单细胞生物。在一个细菌进入另一个细菌体内生存之后，在地球上便出现了体内有多种细胞生存的多细胞生物。

在约15亿年前，地球上的海洋里并不是只有细菌，还有很多种生物诞生，生活在海洋里。

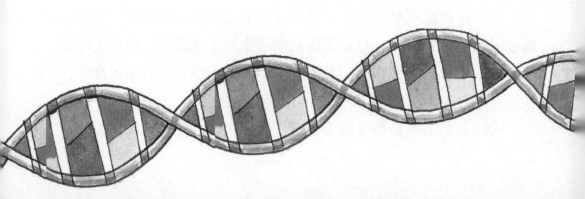

变形虫、草履虫、眼虫、太阳虫、疟原虫等生物是在很久很久以前产生的细菌们的第一代子孙们。科学家们把这些生物称为原生生物（原生生物是动物界最原始、最简单、最低等的生物）。

与细菌一样，原生生物也会发生突变，在地球上的海洋里，诞生了像海绵、海蜇、海葵、珊瑚、水螅等多细胞的生物，还有很多不知名的多细胞生物。这时，地球上终于出现了动物。科学家们推测，海绵、海蜇和海葵是地球上最为古老的动物。

在动物的体内，有进出食物和消化食物的地方。而变形虫和草履虫等原生生物没有嘴、消化器官和肛门，身体在接受食物的同时，也会排出残渣。

科学家们一般这样定义"动物"：绝大多数动物可以自由活动，

动物自身不能制造养分，需要从外界摄取有机物和无机物来维持生命活动。

带有小孔的，软软的海绵居然是动物！海绵是通过身体上的小孔来接收食物的，在身体的上端具有一个巨大的孔，没有用的水就会从这个孔中排出，而海绵就在被排空的体内消化食物。海蜇是比海绵具有更加复杂器官的动物。现在我们去海水浴场游泳的时候，还会看到和我们一样在海洋中畅游的海蜇们，它们可是动物的古老祖先呢。

动物长出骨骼和四肢的故事

在6亿年前的地球海洋里，生活着很多我们所不知道的海洋生物。在被科学家们称为大灭绝的时期，很多奇异的海洋生物都在那时消失了。比如说具有盔甲一般的硬壳，有着巨大触角，在海底游来游去的三叶虫占据了古生代的海洋，但是不知因为什么原因而灭绝了。（但是现在有生物学家主张，在人们尚未发现的某个海滩地下的洞穴里也许还有三叶虫在那里蜷伏生活着。）

可是，有些海洋生物就活了下来。这种海洋生物后代中的一个种群通过数亿年的突变再突变，形成了现在的鱼类。鱼类是在大约4亿

年前出现在地球上的，而且鱼的体内还出现了动物中最早的脊骨！（科学家们也认为从动物身体内产生脊骨这件事情是非常有意义的。而身体内所有具有脊骨的动物都被称为脊椎动物，其他动物被称为无脊椎动物。在大自然中，无脊椎动物的数量要比脊椎动物多得多。）

生物体内的DNA不断地进行自我复制，在复制的过程中偶尔会出现差错，引起突变，所以在鱼类中，有的种群就没有了鳃，尾鳍的形状也变得很奇怪。

对于生物来说，突变并不是一件很值得高兴的事情，因为突变一般都会引起大规模的死亡。如果鱼类出生的时候没有灵巧的尾鳍，而是长出了奇怪的尾鳍的话，在水中就不能以很快的速度游动，还

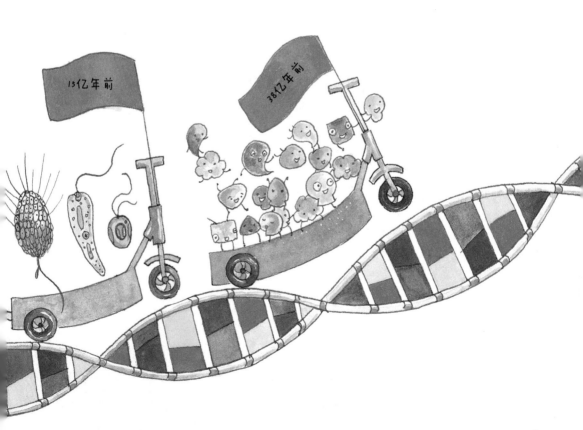

很容易被其他的鱼类捕捉住吃掉，这样连繁衍后代的机会都没有了。地球的环境变化很大，有的时候海平面会突然降低，如果海洋越来越浅，最后变成了陆地，那个时候会变成什么样子呢？

在遭遇冰河期的时候，地球的确遇到了几次这样的事情。海洋变成了陆地，在海洋里生活的鱼类都死掉了。但是遭到突变而产生奇怪尾鳍的鱼可能在蹒跚中寻找到了一点点水，并活了下来。在浅水中生存下来的鱼类的后代，生下了具有奇怪模样尾鳍的子孙，而这些奇怪模样的尾鳍在过了很久之后就变成了结实的腿！

一次也没有经历过海洋变陆地的地方，以前的鱼类都还很好地生存在里面。这些鱼类的后代现在还在海洋里遨游着，生活着。但是，在环境发生变化的地方，发生了突变的其他种类的鱼类却能够更好地生存下来。

到了距今约3.5亿年前，发生突变的鱼类后代的尾鳍和鱼鳔便消失了，变成了具有腿和肺部的完全新种类的动物。这些动物现在生活在距离水很近的陆地上，在水和陆地上都可以生活的动物被称为两栖动物。青蛙还是蝌蚪的时候只能在水中生活，变成青蛙后也可以在陆地上生活了。青蛙、蟾蜍、大鲵就是很早以前从水中转移到陆地上的鱼类的后代。

在相似的时期，曾在海洋中生活的虫子来到了陆地上，成为昆虫。昆虫和两栖类动物是最早在陆地上生活的古老动物。而现在，

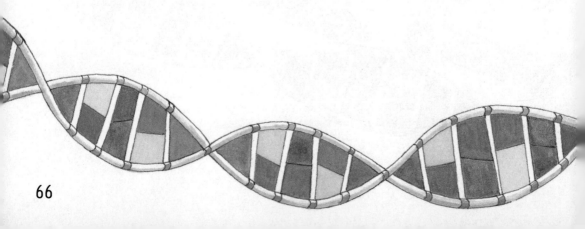

昆虫在地球上拥有庞大的数量，并且生活在地球上的每个角落里。

而两栖类动物正在从地球上逐渐消失，因为随着人们对环境的破坏，青蛙、蟾蜍、大鲵能够生活的沼泽和荷花池也已经开始慢慢减少了。

两栖类的后代成了爬行类。有的两栖类动物发生了突变，在经过突变再突变之后，它们的后代适应了自然环境，成为像恐龙、乌龟等爬行类动物。

爬行类动物是完全脱离水进行生存的。在一亿或两亿年前，地球上生活着比现在更多的爬行类动物。爬行类动物当时占领了地球，并且生活在地球上的每个角落里。这其中要数恐龙最为繁盛了，它们在地球上生存了大约1.5亿年。关于恐龙灭绝的原因，有科学家认

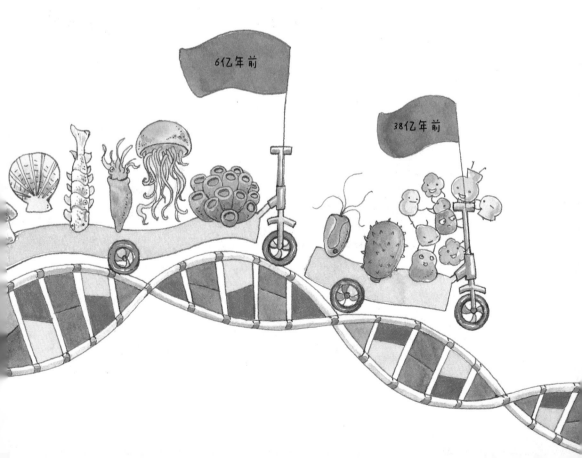

为，在约6500万年前的一天，地球遭到了巨大行星的冲撞，导致地球环境恶劣，从此，恐龙在地球上消失了。

在恐龙灭绝之后，哺乳类动物开始逐渐繁盛起来。在相似的时期，像翼龙一样长有翅膀的爬行类的一种成为鸟类。

在地球上最先诞生的哺乳动物们的祖先是与老鼠长相相似的小动物。这种动物与爬行类不同的是，它可以自行调整体温。在恐龙占领着地球的时候，这种小小的哺乳类动物为了躲避可怕的恐龙而只能在夜间出来觅食，是一种很小的动物。随着恐龙的灭绝，这种小动物开

始迅速地繁殖起来了。

在很久很久以前，不知道哺乳类动物最初是不是也是产卵的，哺乳类动物的卵非常容易被别的动物吃掉，这样它们繁衍后代就很困难。但是有些哺乳类动物发生突变，这种动物并不是通过产卵孵化来繁衍后代，而是在体内经过很长的时间孕育。孩子在妈妈的肚子里能够非常安全地成长，如此孕育子孙的哺乳类动物虽然生产的数量会比较少，但是它们的子孙却能够更好地生存，这样一来，哺乳类动物也开始在整个地球上蔓延开来了。过了很久以后，这些哺乳类动物的样子开始一点点地产生变化，食物也开始不同，生活的地

方也各不相同，各种哺乳类动物就这样诞生了。

老鼠、松鼠、蝙蝠、狐狸、猴子、大象、牛、马、鹿、兔子、猫、狮子、大猩猩，还有我们人类，都是很久以前在体内孕育后代的哺乳类动物的子孙。而属于哺乳类动物的灵长类动物中，就包含我们人类。

哺乳动物是脊椎动物中身体构造最复杂、最高等的。它们由爬行动物演化而来，具有许多进步的特征，成为现今自然界中占优势的类群。但是哺乳类动物的数量是很少的，即使把哺乳类动物的数量都加在一起，也比不上地球上数量最多的细菌、原生生物、鱼类和昆虫的数量和种类。

动物分类表

科学家们把经过38亿年进化而成的生物分为了细菌、原生生物、动物、植物、菌类这五大种类。而动物和植物根据各自形态和特征的不同，又分为了数十种不同的类。动物包括无脊椎动物和脊椎动物，脊椎动物又分为鱼类、两栖类、爬行类、鸟类、哺乳类。

海绵动物

刺胞动物

腔肠动物

扁形动物

棘皮动物

软体动物

环节动物

节肢动物

脊椎动物

大自然选择了动物

从最开始的一个细胞出发的细菌，到数十亿年之后，成为蚂蚁、蝎子、鱼、青蛙、乌龟、鸟类、鲸、蝙蝠、狮子、大猩猩和人类等。在这一切发生的时候，生物当然是全然不知的。在环境发生变化的时候，有的生物会在大自然中生存下来，并且繁衍后代，这叫做自然选择。在数十亿年间，生物发生了无数次的突变，就是有了这些在变化的环境中生存下来的生物，地球上才能够有如此种类繁多的生物共同生活。

听过了38亿年间在地球上诞生、生活的生物的故事，我们一定会觉得这个世界真是非常神奇。大家可以想象一下，从具有DNA的一个小细胞开始，到现在地球上生活着的各种各样的生物种类，从细菌开始变异，变成了海蜇、海葵、鲸和人类，真是让人感到不可思议。

这种生物的不断变化叫做进化。

生物学家达尔文最开始有过这样的主张，当然是在还不知道DNA、细菌这些事情的时候，达尔文主张生物是通过漫长的岁月，在大自然中一点一滴都变换着样子和生活方式，才有了现在地球上种类如此之多的生物。达尔文当时小心翼翼地主张人可能是由猿进化而来的时候，人们很生气，就经常讽刺他。他们把达尔文的肖像画成了猿猴的胳膊和腿，用这种方式来嘲笑他，意思是不知道其他人是怎样的，但是达尔文的祖先就是只猴子。

虽然遭遇到了这样的事情，但是达尔文并不喜欢和当时的科学家进行争论，他来到了安静的农村继续研究。我非常尊重和喜爱达尔文，所以我在书中好多次都提到了他。大家如果对达尔文多加了解的话，肯定也会喜欢上他的。

　　虽然一开始遭到了嘲笑，但是达尔文的这种观点在不到100年之后，成为对很久以前就灭绝的动物以及现在还生存在地球上的各种生物的最佳解释的理论。

6

我们为什么要学习植物？

正在写这本书的我，和正在看这本书的你都属于动物。我们是身体内具有骨骼的脊椎动物，并且属于哺乳类动物。

因为我们属于动物，所以我们首先讲了生物是如何在地球上诞生并且生活和生存到现在的故事。

在这个地球上，还有很多比我们人类和其他动物更加重要的生物！虽然不知道大家在听到这里会不会心情变坏，因为孩子们可能都没有想过居然有比人类更加重要的生物。

不仅是孩子们，很多大人也有这样的想法。在原始的人类时代虽然没有这样，但是随着科学的发展和人类逐渐过上了文明生活之后，这就使得大家认为在地球上，比起植物和动物来，人类才是最重要的生物。

地球上除了人类之外，还有很多和我们共同生活在这个地球上的重要的生物，其中有两种重要生物还没有出现在本书中。

如果已经有同学猜到了，证明这些同学是勤于思考，并且认真读过这本书的。这两种生物都是在我们身边的，大家可以经常见到的，这就是植物和霉菌。霉菌的故事我们会在后面讲到，现在首先让我们来了解一下植物。

大家在学校里可能对植物学习了很多。在教科书中，有关植物的单元要比有关动物

的单元多。为什么会这样呢？因为近距离观察动物和对动物进行实验是比较困难的，但是植物存在于我们周围的很多地方，即使没有实验设备，我们也可以带着很多对于植物的疑问进行实验。带着疑问学习，能学习到更多的知识。采集不同样子的树叶，并比较这些树叶的模样；用彩色铅笔画出这些树叶的样子；记住这些树叶的名字。随着大家年级的升高，还可以学习到植物是如何吸收水分，怎样生存的。

也许大家已经学习过很多有关植物的单元了，但是大家可能并不知道为什么要学习植物，老师为什么让大家采集各种树叶，为什么要把百合的茎剪掉然后放在含有红色和蓝色色素的水里，为什么要在植物叶子的边缘包上银箔纸。

老师让大家分组进行实验的时候，有的同学非常努力地投入实验中，但是大部分的同学只是看着。令人感到遗憾的是，无论是努力投入实验里的同学，还是只是看着别人做实验的同学，大多数都不清楚自己为什么要做这个实验。

在学习科学的时候，并不是说做很多的实验就能够学习好科学了，还有比实验更加重要的事情。

大家可以思考一下，为什么会产生实验这个东西呢？

科学家们在心中存有疑问或想要知道事情的时候就会做实验。书里找不到答案，也没有人告诉自己答案，在这个时候，就需要通过

实验来找出答案。如果其他的科学家已经找到了答案，那么也可以从确认的角度上进行实验。

那么大家在学校里为什么要进行实验呢？是源于以上两个理由中的哪一个呢？大家在学校里并没有对为什么要进行实验产生疑问，或者想要知道什么的愿望，只是实验出现在了教科书上，所以就照着做了。所以大家在做完实验之后也不知道为什么要做，实验过后也不知道结论和结果，就这样过去了，但是在考试的时候却又能够拿100分。

这样的学习并不是科学学习，把问题和整个课本都背下来，然后在科学考试中拿到100分，这并不能算是真正学习到了科学。大家应该在学校里做实验时，好好地思考一下为什么要做这样的实验，然后还要清楚自己到底想要弄清楚什么事情。

 ## 为什么要把百合的茎剪掉进行实验？

大家可能感觉教科书和老师一点儿也不亲切，这样一来，可能就会觉得科学一点意思都没有。

其实并不是这样的。只是大家所在的班级的同学人数太多了，老师无法一个人一个人地去耐心教，只能像把一堆机器人放在一间教室内，上课的时候讲一遍重点，然后就快速带过了。（不过天才教育就有些不同了。如果大家没有作为天才被挑选出来的话，伤心的并不是说你们不是天才，而是你们无法接受只有天才们才能够得到的亲切的教育。）

如果大家是很勤奋的孩子们，喜欢书，喜欢思考的话，就算是一个人也可以把科学学习好。

就算是只把教科书上的简单实验做好，大家也可以学习到科学。科学家们在实验室里做实验的时候，做的肯定都是一些非常复杂和有难度的实验，但是基础都是一样的。

在小学的生物课上，有一个实验是这样的：把百合的茎的下部劈成两半，分别放入含有红色色素和蓝色色素的水中。

可能有的同学已经学习过这个实验了，还有些同学没有接触到这个实验。如果学习过，就请大家回想一下这个实验。

为什么要做这个实验呢？

百合茎的这个实验是为了学习茎的功能的，这一点相信老师也跟大家讲过。

植物的茎会吸收水分。大家一定都很清楚，如果不给花盆中的花草浇水，花草就会慢慢枯萎而死。把花摘下来放在水中的话，花可能又会活过来的。

在这里有一个疑问，植物的茎是如何把水吸收上来的呢？是否是植物中有一个精灵，把水送到植物体内的呢？以前可能会有这样想的孩子，而长大后大家都不会这样认为了。

那么水是如何被茎吸收到植物体内的呢？植物的茎是像海绵一样吸水的吗？或者在植物的茎中单独有一条水通过的道路？如果有的话，这条路是什么样子的呢？是像吸管一样笔直的吗？还是像线一样细的通路像毛细血管一样纵横交错在一起呢？百合的茎是如何吸收水分的，这些都需要大家发挥自己的想象力。

在这些假设中，大家认为哪一个是正确的呢？在学校已经学习过的孩子就会答上来了，是的，百合的茎是像吸管一样笔直的，水就是这样被吸收上来的。但是大家又是怎样知道的呢？从课本上吗？或者查了百科字典？这样的学习方法并不是真正的科学学习。这与机械地背常识字典没有什么两样。把一些故事和知识背下来，好像懂得很多，其实并不是真正的科学学习。

我们在学习科学的时候，学习的是证明自己认为正确的观点和事物的方法。科学的学习是把其他人已经证明过的东西找出原理，然后自己能够通过思考真正明白和掌握的一种学习。我们把在教科书中出现的百合茎实验来尝试一下。

假设大家认为百合的茎是像海绵一样吸水的。（和这个不一样的想法也可以。）

这在科学中被称为设立假说。假说有可能是正确的，也有可能是错误的。要想知道设立的假说是正确的或者是错误的，只有通过实验结果来检验一下了。

那么，怎样做才能够证明百合的茎是像海绵一样吸水的呢？应该用什么样的工具，怎样来进行实验等等，这需要大家首先对实验要进行思考。这在科学中被称为制定实验计划，也叫做设定实验计划。如果能够把实验计划做好，就能够成为一名优秀的科学家。优秀的科学课可以自己进行实验计划的制订，实验的结果可以作为理论来引导大家。

 ## 先设立一个假说，然后进行推测和验证

在教科书中，为了能够让大家知道百合的茎是如何吸收水分的，连实验方法都直接告诉大家了。可是大家充分具备了成为科学家的潜质，而且自己也能够想出很好的实验方法来，但教科书并没有给我们这个机会。

所以说，还没有在学校里学习过这个实验的同学，需要自己思考实验的方法。

有什么方法可以知道水是如何被百合的茎吸收进去的呢？如果茎是像玻璃一样透明的话，我们就可以直接看到水被吸收的样子，但是茎并不是透明的。有没有什么好方法能让我们看到水被吸收上去的通路呢？

把茎放在有颜色的水中，可以横着剪茎，也可以竖着剪，这样我们就可以看到水是如何被吸收进去的了。

把百合的茎放入装有红色水的杯子中，然后等上一天的时间。如果百合的茎是像海绵一样吸水的假说是正确的话，就会像染上了红色水笔的海绵一样，整枝百合的茎都会成为红色的，这叫做预测。那么现在就让我们来确认一下大家的假说和预测是否正确。

把茎小心翼翼地剪开（横着，竖着都剪一下），里面是呈什么样子的呢？这时我们可以发现，茎的内部并没有像海绵一样都变成了红色，而是有一根像管子一样的红色通路。通过这个现象，我们可以知道在百合茎的内部有一条像管子一样的通路。

现在可以证明大家的假说是错误的。不过这没有关系，大家只要把这个假说勇敢地扔掉就可以了！

之后，我们还可以设立新的假说，通过实验还可以得到更多的知识。

百合茎的内部有一条吸收水分的管道，那么这个管道是一直延伸到头的吗？或者这个管道是否在某个地方发生了曲折，与其他的部位结合在一起了呢？把茎切开之后，好像这个吸收水分的通路像吸管一样笔直的，但是实际上是否是这样的还需要验证。科学家们为了能够得到没有一丝误差，完全准确的结果，会把实验计划得非常周密。我们也需要这样。让我们来做一个实验，来准确地证明植物茎内的通路是像吸管一样笔直延伸的，而不会发生曲折和结合，这叫做决定性实验。把百合的茎劈成两半，一半放在装有红色水的杯子里，一半放在装有蓝色水的杯子里。

教科书中有这样的实验吗？可能有的同学有点想不起来了。（大家这就已经忘记了，可能大家都把教科书扔掉了，即使大家升上了更高的年级，也不要扔掉课本，有的单元即使在大家上了大学以后也会继续出现的，所以那个时候再看看课本是很好的方法。）

那么让我们来看一下实验的结果。（虽然在学校里已经做过了，但是希望大家回到家之后，能够自己再做一遍。）

如果我们设立的茎就像吸管一样是笔直延伸的假说是正确的话，花朵的颜色会是什么样的呢？如果带有颜色的水在途中发生了曲折，实验的结果又会是什么样的呢？（两种情况都请预测一下。）

过了一天左右的时间之后，我们可以发现，白色的花一半是红色的，另一半是蓝色的。这代表着什么呢？

这就说明，百合茎的内部通路的确是像吸管一样笔直延伸的，并且途中并没有发生曲折或者与其他部分结合，而是一直延伸到尽头。如果不是这样的，花朵的颜色就会呈现出红蓝的斑点图案，或者紫色了。

现在，"水是被像吸管一样的植物茎被吸收上去的！"大家是否可以勇敢地下这条结论了呢？并不是这样的。（科学的道路是漫长和曲折的。）现在大家只是拿了百合一种植物做的实验，并不能说所有的植物都是这样的，应该在对很多种植物都做过实验之后，比较这些实验的结论，比如说玫瑰、康乃馨、蕨菜、玉米等。随着对多种植物进行实验，大家也可以发现许多新的知识，并能够从其中找出规律，不时还会产生这样那样的疑问，如此一来，大家就会对植物的世界更加好奇了。

从一个很小的疑问开始进行实验，一个实验又会引发另一个实验，一个疑问也会引发其他的疑问，就像是科学家们被施了自然的魔法一样。发现了遗传规律的孟德尔，发现了细菌会引发疾病的巴斯德，树立了教科书中出现的理论的科学家们，就是这样通过一点一滴的实验得出引导人们的理论来的。

我观察了花是如何喝水的

我原本以为茎是像海绵一样吸水的，谁知道茎的内部居然有一条通路！

在植物茎的内部，有一条像水管一样的道路。

把植物的茎劈成一半，一半放在装有红色水的杯子里，另一半放在装有蓝色水的杯子里，白色的百合花一半变成了红色，一半变成了蓝色，成了一枝神奇的花。

单子叶植物和双子叶植物

植物学家们为什么要把植物分为单子叶植物和双子叶植物呢？

根据种子在发芽的时候，长出的是一枚子叶，还是两枚子叶，植物的根和茎，叶脉的模样也会有所区分。

单子叶植物在种子发芽的时候，只长出一枚子叶，根也是非常纤细的，就像胡须一样，在茎生长的时候，导管和筛管是没有顺序排列的。叶脉是平行脉。

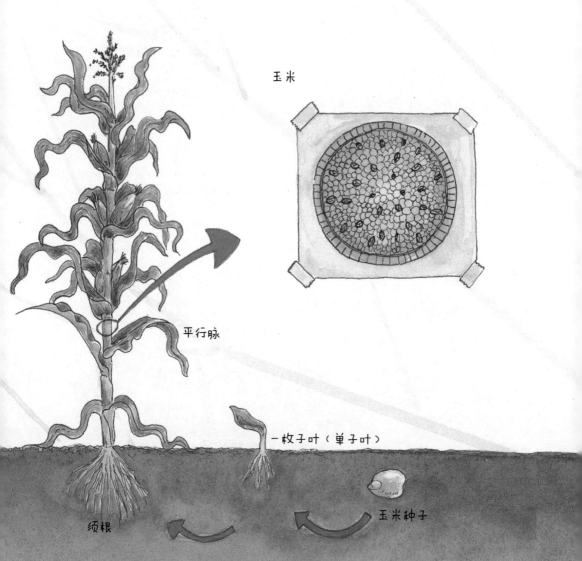

玉米

平行脉

一枚子叶（单子叶）

须根

玉米种子

双子叶植物的种子在发芽的时候是会长出两片叶子的。
　　根也是又结实又笔直的。茎中的导管和筛管是像戒指一样
呈环形的，并且是有顺序的排列的。
　　双子叶植物的叶脉是呈不易被撕裂的网状。

大豆

网状脉

两枚子叶（双子叶）

大豆种子

直根

有的孩子很喜欢植物，但是有的孩子对植物没有太大的兴趣。兴趣虽然是可以培养的，但我认为那是因为比起动物来，大家对于植物更加不了解。对于不知道的东西也并不好奇，学起来也没有意思。虽然这本书可能无法让大家对植物产生非常大的兴趣，但是为了那些到现在为止对植物漠不关心，对植物一点兴趣也没有的孩子，我很想问问这些孩子们，难道你们不想对植物这种奇特的生物进行一次探寻吗？

植物与动物有很多地方都是不同的。它们虽然都共同生活在这个地球上，但是植物生活和繁殖的方式都非常独特，这让我觉得植物就像是外星生命一样神奇。比起在科幻电影中出现的外星人来，我对藓、银杏树、面包树、猪笼草，生长在荷花池中的睡莲，各种奇异模样的仙人掌更加感到神奇。

大家对于动物和植物的不同点是怎样看的呢？我希望大家可以勤于思考，能够试着说出自己的想法。

有一位小朋友这样说：

"动物很大，而植物很小。"

"动物是会动的，植物是不会动的。"

"动物会去寻找食物，但是植物就不是这样的。"

当然这里有对的，也有错的。

但是动物和植物并不只在这些方面上有所不同，我希望大家读过这一部分之后，能够对于动物和植物的不同感到更加好奇，这本书中没有涉及的东西，大家可以自己找一些资料和书阅读，进行研究。我梦想着能有一个孩子，不，五个，不，十个孩子能够制作出一本观察笔记本，每次观察完植物之后就可以写植物日记。

植物是令人感到惊奇的生命。植物并不像动物一样寻找食物、捕猎，或者抢走其他植物的食物。大多数植物是靠空气和阳光来生存。那么，为什么动物没有进化成像植物一样可以靠空气和阳光来生存呢？如果我们也像植物一样，能够食用阳光该有多好啊。动物也不用为了食物而去捕食了，人们也不用为了食物种地、工作、去菜市场、做饭了。那么植物是怎样利用阳光的呢？科学家们可以就这个问题写成一本书出来，可见植物中有多少有意思的秘密已经被科学家们破解了。

大家还没有忘记在38亿年前的地球上出现了细菌的故事吧？在这些细菌中，有一个种群可以用阳光和空气来做出美味的食物来食用。（这也许是地球上最为有意义的突变了。）

现在这些细菌的后代们还生活在地球上的各个角落里，是一种名叫蓝藻类的细菌。在一滴海水，一滴江水，一滴河水中，有无数的蓝藻生活在里面。科学家们推测，苔藓植物的祖先就是蓝藻类。

　　令人感到惊奇的是，植物可以利用阳光来制造养分，而我们人类每天都是靠植物制造出来的养分生存的。水稻、生菜、土豆、玉米、豆类等植物，都会利用阳光的能量来制造养分。植物的辛勤劳动，使得地球上的所有动物都可以生存。

　　兔子、鹿、牛、羊、马、长颈鹿等动物都是靠着植物制造出来的养分生存的。像这种靠食用植物来生存的动物叫做草食动物。而草食动物又会成为像狼、豹子、狮子等肉食动物的食物。

　　植物是怎样具备使地球上的所有生物都能够生存的惊人的技术呢？植物无法移动，也没有什么防御能力，看起来就像是一辈子都在一个地方生活的弱小生命体一样。而植物又是如此的安静，可能大家都没有把植物当成是生物。

　　其实植物并不安静，遇到困难也并不是什么都不做的。植物的起床时间比大家早上去学校还要早，向着阳光照射的地方延伸根茎，伸展枝叶。在有敌人来侵袭的时候，植物还会释放出毒液击退它们，为了交配繁衍后代，植物会分泌荷尔蒙开出美丽的花。什么时候开花，什么时候结果实，什么时候播撒种子，什么时候叶子落下，都会制订执行计划。如果有人养过植物，或者读过有关植物的书籍的话，就应该知道植物有多么勤劳了。所以大家在假期一定要实践一下，或者读一本有关植物的书籍，然后和植物成为好朋友！

（在对植物了解之后，我都非常小心地不去伤害一草一木。）

用水、空气、阳光制造有机物

　　植物是静止的，如果植物可以移动，可以说话的话，会怎么样呢？绿色一族们和我们一起乘坐公交车，在街上行走，在学校里左顾右盼，到游乐场去玩，那该多有意思啊！我们中午会在食堂里吃饭，但是绿色一族们会坐在运动场的椅子上晒太阳，它们是在充分地吸收着阳光中的能量！我觉得真是太神奇了，很想问它们很多的问题。哇！到底是怎么做到的呢？莫非它们的身体内有接收阳光的天线吗？怎么靠食用阳光来生长呢？只要有阳光就什么都可以做了吗？

遗憾的是，想象中的绿色一族们并不会说话，也不会回答我们的问题。所以我们就会向科学家们学习，向老师提问，阅读相关的书籍，仔细地观察植物。

而科学家们都知道植物是如何吃阳光的，当然这也是经过了很漫长的过程的。如果我们把这些一下子全都装在脑袋里，可能会很头疼呢。

那么植物是怎样靠食用阳光来生存的呢？大致说来非常简单。植物靠长在地下的根来吸收土壤中的水分，然后水会随着茎运输到植物的体内来到叶子的部位，叶子接收到了太阳的能量之后会把水与空气变成糖。理解到这里也许不是很有意思。

在显微镜下观察植物的叶子可以发现，细胞就像是网眼一样密密地排列着。大家有没有想过植物为什么大部分都是绿色的呢？如果植物是紫色或者银色的话，我们看到的也许就是紫色的田野和银色的山了。（在大自然的颜色中，绿色是最能够使我们的眼睛放松的颜色。如果植物是紫色的话，田野也许也会变成紫色的了。）

植物是绿色的原因是，在植物的叶子上有一种叫做叶绿体的绿色小块。在一张叶片上有数千个细胞，每一个细胞里面都有数十到数百个叶绿体（动物的体内没有叶绿体，叶绿体只存在于植物的体内）。

用光学显微镜来观察的时候，可以看到叶绿体的模样就像是小的绿色橄榄球一样。在这个小小的"橄榄球"里正在上演着神奇的魔术！

就在这个地方里，植物用阳光把水和二氧化碳制作成有机物（主要是糖类，如葡萄糖），这种现象被叫做一个比较难的名词光合作用（是用光合成某种物质的意思）。植物在叶片中制造出葡萄糖之后，平均分给根和茎。一部分葡萄糖在植物体内还会转变成蛋白质、脂肪等其他有机物，变成生物生存所需要的能量和构成物质。

植物虽然为了自己的生存制造出来了糖，其他的生物也会利用到这些糖。首先，草食动物会从植物身上得到糖，肉食动物从草食动物的肉上得到糖。植物就是这样利用阳光的能量转换为动物们可以

食用和利用的营养成分。

　　如果我们可以直接利用太阳能的话，也许地球上没有了植物，我们也可以生存。但是我们无法把太阳能直接存在自己的体内，而需要通过食用植物和以植物为食的动物，然后进行分解（消化）之后才能够产生能量。而分解食物，制造能量的时候需要燃料，这种燃料就是氧气，我们能够呼吸也是因为氧气的存在。我们需要用氧气来燃烧体内的食物，来制造出能量。而如此重要的氧气就是从植物中产生的。植物在利用阳光的能量把水和二氧化碳转换成糖的时候，会把没有用的物质排出体外，这种物质就是氧气。就像我们日常吃饭之后，会把废弃物以排泄物的形式排出体外一样，植物是吃掉二氧化碳、水、阳光，然后把氧气作为排泄物排泄出来。植物通过光合作用排出的氧气使得我们能够呼吸。

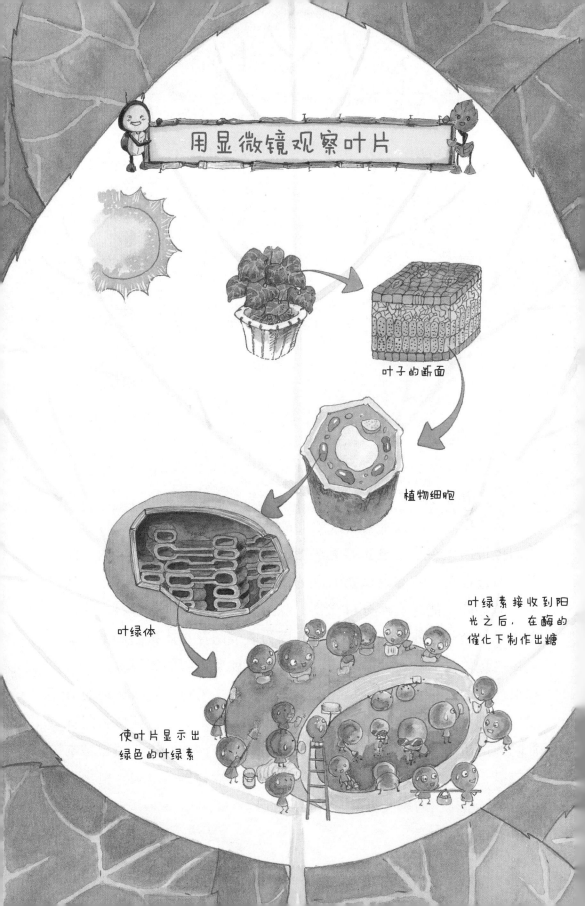

用显微镜观察叶片

叶子的断面

植物细胞

叶绿体

使叶片显示出绿色的叶绿素

叶绿素接收到阳光之后，在酶的催化下制作出糖

进行了更深一步的学习之后，我们就会明白植物到底是如何进行光合作用的，在叶绿体中相关分子之间到底发生了什么事情。把物理、化学、生物、数学一起加以利用，就能够理解在叶绿体中所发生的魔术。（如果大家很想知道这个魔术的秘密的话，就要努力地学习。）

植物通过光合作用自行制造养分，是动物和植物的不同点中最为重要的一点。

所以这一点在学校里教师也会很重点地去讲解，并肯定会出现在考试试卷中。虽然除了光合作用之外，动物和植物的不同点还有很多，但是相比能不能进行光合作用来说，这些不同点都不是有着如此巨大差异的。

那么现在就让我们来看一下植物和动物有着什么相似点。大部分动物是由头部、躯干、四肢、心脏、胃、口、肛门等部位组成的，这些部位叫做组织或器官。植物也有组织和器官。而像细菌和变形虫这种古老而又结构简单的微小生物的体内，就没有能够称得上是组织和器官的东西，但是它们同样生活得很自在。而动物和植物要比这样的生物在模样和生存方式上复杂得多。植物并没有头部、躯干、心脏和消化器官等组织，但植物有根、茎、叶、花和果实。

植物的根直接从土壤中获取水和养分（土壤中含有氮、磷、钾等植物所需的元素，以矿物质的形式存在于土壤之中）。无论下多大的雨，植物的叶子也不能吸收一滴的水分（所以我们在给花盆里的植物浇水的时候，都是给植物扎根的土壤中浇水。如果不向土壤中浇水，而是给植物的叶子浇水的话，植物是一滴水都不会吸收进去的）。植物只能靠根来吸收水分。在土壤中，植物的根其实具有比它们的茎和叶子部分更大的身躯。即使是很硬的土地，根都可以扎根于地下，甚至还可以穿透岩石生长。

根吸收到土壤中的水和养分之后，茎就会把这些水和养分向上运输。

比大家的个子高好几倍的树木顶端都有叶子在生长，而在树木的内部，从根一直到树木的顶端都会输送水分和养分的。在热带雨林中，还有高度为30米的大树，大家能想象得到吗？大树是如何把水运输到如此高的地方去的呢？

大家回想一下百合的茎，是像吸管一样笔直延伸的。在植物的茎内有一条水可以通过的道路，这条道路就叫做导管。运输到茎的顶端之后，水就会到达叶子上，通过纤细的叶脉，连叶子的边缘都会充满水分和养分。

植物会在叶子的部分进行光合作用，用来制造糖。而在叶子中制造出来的糖会再次回到深扎在地下的根。那么糖是否也是通过茎中的通路回到根的呢？事实并不是这样的。为了不使从根吸收的水分和从叶子向下运输的糖混在一起，在叶子中形成的糖会通过另一个通路传送到根，这条通路就叫做筛管。

大家在以后会有机会比较各种植物的导管和筛管，还会画图，根据导管和筛管的样子来区分植物的种类。

植物是雌雄共体的怪物

大家知道为什么植物会长出花朵吗？植物是如何开花的呢？

在很久以前，植物是不开花的，现在也有很多不开花的植物。苔藓和蕨类植物和恐龙时期茂盛生长的巨大树木是不开花的。

科学家们推测，开花的植物是在侏罗纪时期首次出现的。但是那个时候植物到底是如何开花的，这种植物又是什么样的植物等还尚不可知。虽然如此，科学家们还是根据化石和分子遗传学了解了很多开花植物的历史。我们非常熟悉的玉兰和睡莲据说就是最初的开花植物的后代。

早春的时候，玉兰的花要比叶子先生长并开花，而夏天，睡莲会在水面上开出巨大的花朵。今天早上我在公园的荷花池里看到了比大家的个子还要高的莲花。睡莲在水面上生长出像坐垫一样大的叶子，开出高高的粉红色的花朵，花和叶子也非常的大，在距今1亿年前，地球比现在还要温暖些，真是难以想象这样的花遍地开放的情景。

　　大家也都应该见过玉兰和莲花，希望大家能够记住，这些花的种子存活到现在已经有1亿年了。这比大家从历史书中学到的人类的历史还要长很久，我们怎能不惊讶于这些植物如此悠久的历史呢？

　　那么玉兰和睡莲是如何能够开出这么美丽的花来的呢？植物为什么要开花呢？

　　植物也像动物一样会"结婚"，然后繁衍后代。就像雌性和雄性的动物进行交配一样，雌雄的植物也会进行交配，然后繁衍后代。这就奇怪了，大家有见过雌性的植物和雄性的植物吗？

　　鸡、蚂蚁、小狗都是分雌雄的，大多数动物大家也可以分辨出雌雄的。而大部分植物没有单独的雌性和雄性。一株植物是雌性的，也是雄性的！大部分的植物身上同时具有雌性生殖器和雄性生殖器。银杏树是个例外，分雌性树和雄性树。大家有没有听说过这种怪异的生物呢？

　　它不是神话故事中的神或者古老传说中的怪物，这种怪异的生物就生活在我们周围，生活在现实世界中，但是我们从来没有对这种怪异的生物感到吃惊过。从我们人类以及动物的角度来看，植物是雌雄共体的怪异生物体。

　　大部分动物是分雌雄的，蚯蚓是个例外。在蚯蚓的体内同时具有雌性生殖器和雄性生殖器。

　　如果说没有被区分开来的雌性植物和雄性植物的话，那么植物到底是如何繁殖的呢？植物到了繁殖的时候就会开花，花中同时拥有

雌性生殖器和雄性生殖器，即雄蕊和雌蕊。在雄蕊上有花粉囊，在那里制造出花粉。在雌蕊的下端有子房，在子房中藏有胚珠。大家都是爸爸和妈妈爱情的结晶，植物也是如此，植物要想繁殖的话，需要花粉和胚珠结合在一起。对于无法移动，哪里都去不了的植物来说，这是件非常困难的事情。

虽然在一枝花中既有雄蕊也有雌蕊，但是植物却不喜欢自己的花粉和自己的胚珠相结合。就像动物不会和自己同家族的动物或者近亲结婚一样，植物也喜欢和同种类的不同的花结婚。如果植物的花粉想要寻找同种类却离得很远的其他的花的时候，该怎么办呢？

像玉米、杨树、柳树的花，都没有艳丽的色彩和香味，花粉会借助风来进行传播。

它们的花粉会落到高山、田野、江河湖海、岩石等地方，非常准确地落在自己同种类的雌蕊柱头上的几率就像是彩票中大奖一样小。所以这些植物的雄蕊会制造出数量非常多的花粉，花粉多而轻盈，而雌蕊柱头常有分叉和黏液，容易接受花粉。

但是，把花粉交给风是很令人不安的，所以大部分的植物会开出鲜艳华丽的花朵来吸引昆虫。虽说繁殖只需要雌性和雄性交配就可以了，但是对于植物来说，为了把昆虫吸引过来而开出鲜艳的花朵，不但要把花朵打扮漂亮，还要制造出花萼，然后把自己辛辛苦苦制造出来的花粉的一部分毫不吝惜地给昆虫吃。昆虫们为了能够吃到花粉，会聚集在鲜艳的花朵上，努力地吸食花粉，而昆虫的后腹部或头部也会沾上花粉，在不知不觉中就会把这些花粉带到其他花的雌蕊柱头上了。有的植物为了吸引昆虫，还在花朵里制造出花蜜来。昆虫在吃掉这些花粉和花蜜的同时，也会把粘在自己身上的花粉不知不觉地带到其他花的雌蕊柱头上。

无论是借助风来传播花粉，还是借助昆虫来传播花粉，花粉被准确地带到雌蕊柱头上的这种情况叫做传粉。借助昆虫来传粉的植物叫做虫媒花（是指以昆虫作为中间的媒人而使两朵花结婚的意思），借助风来传播花粉的叫做风媒花。

花粉准确地落在了雌蕊柱头上的时候，就表示了这两株植物的结婚开始了。令人感到神奇的是，只有在同种类的不同花朵上的花粉顺利地落在雌蕊柱头上的时候，花粉管才会向下方伸展生长，进入子房，一直到达胚珠。

胚珠里面的卵细胞跟来自花粉管的精子结合就可以产生种子了，植物终于可以产生自己的孩子了。

在无数的花之中，能够顺利结婚，产生种子的花并不是太多。没

种子是从哪里产生的?

花粉的精子随着花粉管进入胚珠中，与胚珠中的卵细胞结合之后就会发育成真正的种子。

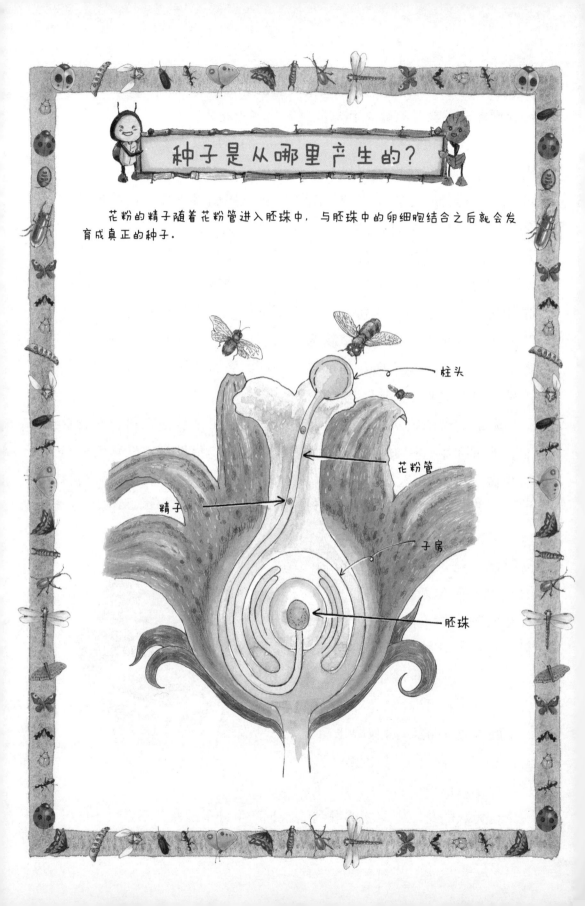

柱头

花粉管

精子

子房

胚珠

结婚的花也就无法结出种子，最后只能枯萎凋谢。顺利结婚并结出种子的花虽然最后也会凋谢，但是在这些花的内部，子房依然在生长。在子房内有非常珍贵的种子。子房慢慢长大之后会变得很鼓很胖，这就是果实。许多的动物都会吃掉植物的果实，它们把果实里面的种子扔在各个地方，或者把种子排泄出来，这样一来，种子就会在某个地方生根发芽了。

有的植物借助动物来播种，有的植物会借助风来播种。蒲公英在刮风的时候会把种子播撒到很远的地方，鬼针草的种子长得像钩子一样，会粘在路过的动物的毛或者人的裤腿上。粘在动物和人类身上的种子被弄下后，幸运的话，会在地上扎根发芽。

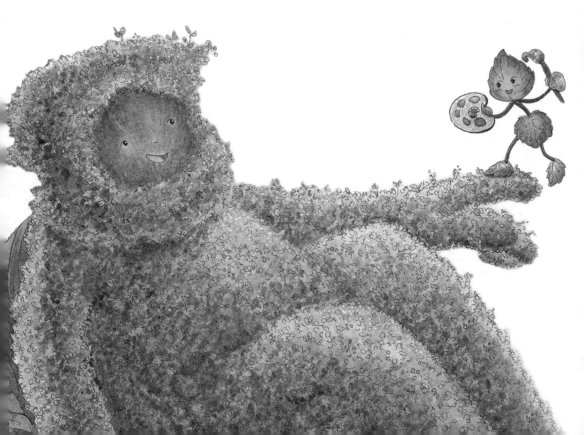

8

在我的房间里制造出一个
生态系统

大家都说一说自己知道的动物的名字，再说说自己知道的植物的名字。有的同学能说上十来分钟，如果是喜欢动物和植物的同学的话，估计能说上一个来小时呢。我认为，比起总是在学校里考第一的同学来说，能够在一个小时内滔滔不绝地讲出很多动物和植物名字的同学更加优秀。

　　有的孩子很喜欢像鲸、狮子、大象等大体型的动物；也有的孩子喜欢小昆虫，像喜欢打架的锹形虫，长相很酷的天牛；还有的孩子每天都会给自己饲养的独角仙喂食；有的孩子喜欢植物，所以他们就会种上种子，等着结出果实，像有的孩子自己去种扁豆。但是无论是多么喜欢大自然，喜欢生物的孩子，不了解自己喜欢的生物的孩子还是很多的。

　　在地球上，有一种生物比动物和植物的总数量还要多出数百倍，只是人们没有注意到而已。因为这些生物就像是幽灵一样，在一般的情况下用眼睛根本看不到。但是这些生物就如同你和我，花草与树木一样，都是生存在这个地球上的生物。就是现在，大家的周围还有数千数万只这样的生物存在着。可能在大家的房间内就生活着数亿个这样的生物。

现在，大家猜出来这是什么生物了吗？对！这种小生物的名字就叫做细菌。在我小的时候，没对细菌进行过具体的学习，而科学家们也认为细菌是既微小又不起眼的生物，只在书的结尾处提到了一

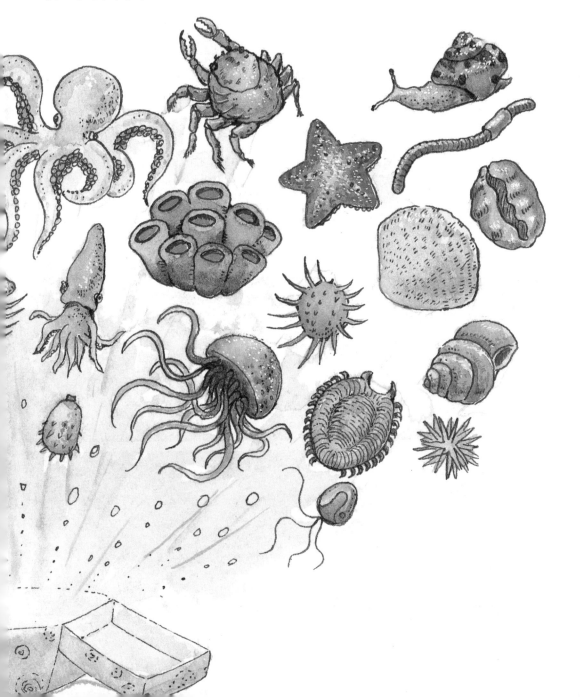

小段而已，在教科书中也大多没有出现多少有关细菌的内容。

　　但是，随着科学家们发现了地球上是如何诞生出生物的秘密之后，对于这小小的生物也开始有称赞之词。现在，科学家们已经挖掘出了细菌的很多惊人的秘密。虽然细菌只有一个细胞，但是就是依靠着这一个细胞，细菌可以进行繁殖和生存。在这个世界上，细菌是无处不在的。从地球形成之后，在没有阳光照射的海底深处也生活着细菌，在南极的冰川下面也生存着细菌。

　　我们在寻找自己的祖先的时候，会不断地追溯到爷爷的爷爷的爷爷，再不断地追溯就可以追溯到最初的细菌了。细菌从诞生到现在经过了38亿年，并且生存到了现在。细菌经过不断地变化和突变，产生现在地球上所有的生物，大家还没有忘记这个故事吧？

　　细菌后代的一个种群成为动物，另一个种群成为植物，还有一个种群成为霉菌。没有从细菌中进行突变的生物叫做原生生物，变形

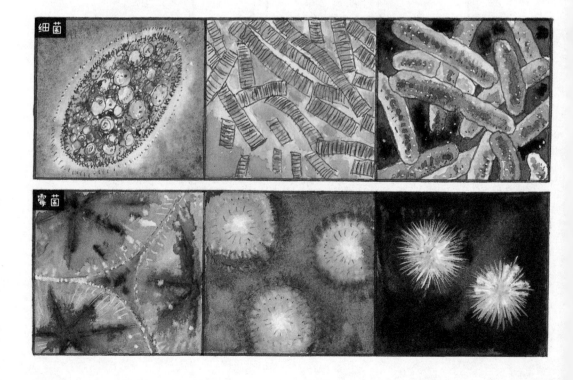

虫就是这样的生物。原生生物是继细菌之后在地球上最多的生物，所以科学家们把生物的种类分为了细菌、原生生物、霉菌类、植物和动物这五种。

地球上的细菌，变形虫和霉菌在地球上担当着很重要的角色。

关于细菌和霉菌，科学家们不知道的东西还有很多。科学家们对细菌和霉菌的了解并没有很长的时间，甚至对确定这些小生物是属于动物还是属于植物还用了很长的时间。因为那个时候的科学家们认为，在这个世界上的生物不是属于动物就是植物。但是随着倍率更高的显微镜被发明出来之后，就出现了很多令人感到惊奇的事情。

随着更多的细菌被发现，科学家们知道了地球上的细菌的种类多得犹如天上的星星一般。从细菌中发生了微小进化的变形虫和近亲生物的数量也是非常多的。科学家们对于霉菌又有了惊人的发现，霉菌既不是细菌，也不是变形虫，也不像植物一样能够进行光合作用。而霉菌也不像动物一样能够行走，自行寻找食物，只是固定在一个地方，自己摄取着什么东西生存着。这个怪异的生物到底是植物，还是动物呢？科学家们终于知道了，这个地球上不仅仅有动物和植物，还存在着既不是动物也不是植物的怪异生物。

科学家们到现在为止发现并命名的动物和植物的种类约有几百万种。但是科学家们推测，细菌、变形虫和霉菌等的种类全都加在一起的数量要比动物和植物的种类之和多出千倍或者万倍。

这对于地球来说是幸运的。如果细菌、变形虫和霉菌没有植物和动物的数量多的话，就有可能引发地球生态系统的大灾难了。

细菌、变形虫和霉菌在地球上担当着重要的角色。比起这些小生物从地球上消失几个来说，它们的灭绝要更加严重。就算地球上的人类全都消失了，地球也许并不会发生什么大的变化，就像恐龙在灭绝之后，地球也并没有发生什么一样。

但是如果像细菌和霉菌这种小生物真的从地球上消失了的话，会怎么样呢？大家可以想象一下没有细菌和霉菌的世界。如果大家能够准确地想象出来的话，证明大家对于生态系统是很了解的了。如果大家认为"这么脏的细菌和霉菌如果从地球上消失的话，能有什么事情发生呢"的话，证明大家并没有认真地学习生态系统。

 如果细菌和霉菌从地球上消失

大家对于生态系统这个词可能听过很多次了。为了建造楼房和工厂而把山林和田野砍伐掉；为了修建高速公路，把山钻出洞来；为了把道路扩宽，把沙滩填平，这些都是对生态系统的破坏，大家也许听过很多这样的故事了。但是大家知道破坏生态系统到底是什么意思吗？如果树木消失，田野消失，沙滩消失的话，到底会发生什么事情呢？

虽然我们是看不到地球的生态系统的，但是这个生态系统就像一个巨大的轮子一样存在着。也如同轮子转动需要能量一样，生态系统的运转同样需要能量。

运转生态系统这个轮子的最初能量来自太阳，但是我们无法直接食用太阳的能量。能够直接利用太阳能量的生物是蓝藻，在湖泊、荷花池和海洋里生活的植物性浮游生物，还有扎根于土壤中的草和树木等。

这些生物叫做生产者。这与在工厂中制作产品的工人和耕地播种的农民被称为生产者是类似的。如果工人和农民生产出来的东西会被都市里的人们加以利用，都市里的这些人就被称为消费者。在生态系统中，靠食用草和树木的草食动物和捕食草食动物的肉食动物，还有属于杂食动物的人类都是属于消费者。

在海洋中也有生产者和消费者。在海洋中进行光合作用的植物性

浮游生物属于生产者，而食用植物性浮游生物的动物性浮游生物、食用动物性浮游生物的小鱼、食用小鱼的大型鱼类就是消费者。

在水边生长的草最初是被蚱蜢吃掉，蚱蜢会被青蛙吃掉，青蛙又会被蛇吃掉；在草原上生长的草会被长颈鹿吃掉，而长颈鹿又会被狮子吃掉；在海洋中，绿色的浮游生物会被桡足类（一种小型甲壳动物，海水、淡水都产）吃掉，桡足类会被墨斗鱼吃掉，墨斗鱼又会被鲸吃掉。在各个地方，像这样食用和被食用的顺序被称为食物链。

那么在食物链最终端的消费者就不会再被其他的生物吃掉了吗？难道没有吃狮子和鲸的生物了吗？有的！

无论是狮子、鲸还是人类，这些食物链最末端的巨大动物，都会被我们肉眼看不到的各种各样的微小生物吃掉。小昆虫、细菌、霉菌，还有很多不知名的各种各样的小生物，都会对植物、动物和人类发动攻击。

这些小生物在植物和动物死掉的时候，会非常活跃。不仅会吃掉植物和动物的尸体，它们还会对人类制造出来的各种各样的物品，进行摧毁和分解，然后把这些物品变成大自然中的元素。并且这些小生物并不区分生物或者非生物，会把所有的一切进行分解，然后还给大自然。

无论是鲸、人类、电视机等，这些小生物都会用它们的力量让这些物体回归土地。某些东西腐烂就是细菌和霉菌开始吃这些东西的标志。如果细菌和霉菌都不去吃掉这些东西的话，动植物的尸体和垃圾就不会腐烂，甚至过了千万年都还是原来的样子。所以说地球上的细菌和霉菌的数量是要比动物和植物的数量多的。如果要把这个世界上所有的动物和植物的尸体和垃圾都吃掉的话，得需要多少的细菌和霉菌啊！

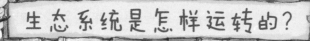

生态系统是怎样运转的？

植物吸收太阳能量，
草食动物吃掉植物，
肉食动物吃掉草食动物。

蚯蚓、昆虫、霉菌、变形虫、
细菌会分解植物和动物的尸
体，然后回归到土壤中。
吸收到土壤中的养分和太阳的
能量之后，
植物又会重新开始生长。

细菌和霉菌都是非常微小的，我们用肉眼是看不到的，但是细菌和霉菌却存在在地球上的每一个角落。在日常生活中虽然我们看不到，但是没过多久我们就会看到它们以惊人的速度进行繁殖。把一勺米饭放入纸杯中，过了一个星期一看，从一点点的霉菌开始会长出更多的霉菌出来，直到看到了斑点。这就是从一只霉菌繁殖到霉菌大军的样子。

细菌、变形虫和霉菌在地球的每个角落都勤劳地做着吃掉垃圾的工作，所以我们称它们为分解者。

蚯蚓也是优秀的分解者。蚯蚓在土壤中比细菌要更早地分解动植物的尸体。

蚯蚓吃掉土壤之后，把其中的营养成分分解排出体外，而这些营养成分又会被变形虫和细菌吃掉。细菌吃掉之后排泄出来的排泄物并不是垃圾，而是地球上重要的肥料。有很多蚯蚓、变形虫和细菌生活的土壤就是肥沃的土壤，在这种土壤中，种子会很好地发芽生长。这些植物在接收到太阳的能量之后能够茁壮地成长。这些植物会被动物所吃掉，这些动物的尸体又会被蚯蚓、细菌和霉菌吃掉。在大自然中，由生产者、消费者、分解者组成的生物链不被切断，很好地接在一起的这种现象叫做生态系统。从地球上出现生命到现在，生态系统一直都在不停地运转。但是，人们如果再大量地砍伐树林，破坏田野，开发海洋的话，一环连着一环的食物链就会有断掉的危险。

 ## 世界上最小的生态系统

丛林有丛林的生态系统，田野有田野的生态系统，沙滩也有沙滩的生态系统。沙滩是连接陆地和海洋的一个非常重要的生态系统。大家想象一下，陆地上的污染物进入了江河中，而江河水又不断地

注入海水中，但是为什么海洋在数十亿年间都没有腐烂呢？这是因为陆地上的污水首先会进入江口的芦苇丛中，这之后沙滩会把污水进行净化，生活在芦苇丛和沙滩中的大大小小的分解者生物们会不断地把污染物吃掉。

在沙滩上，贻贝、沙蚕、小螃蟹们会吃掉污染物和废弃物，勤劳地清扫着海洋。从沙滩上过滤一遍之后流到海洋中的水还会被海洋微生物进行最后的分解。螃蟹会吃掉贻贝和蛤蜊，人会吃掉生活在沙滩上的生物。浮游生物和很脏的废弃物居然转变成了如此美味的贻贝和蛤蜊，我没有见过比这更神奇的魔术了。

人们即使不向生态系统注以能量，生态系统也会自动地运转，就像是一个巨大的魔法机器一样。大家也有可能在自己的房间里看到这个魔术。生态系统是庞大并复杂地交织在一起的，虽然我们用眼睛来观察这些十分困难，但即使是反复的失败，如果有足够的耐性的话，还是可以把生态系统都放入大家的房间里的。

放在窗户边上的鱼缸就是这个世界上最小的生态系统。在阳光照射充足的窗边制作出一个小小的水族馆，从荷花池取些水倒进去（一定要是大自然中荷花池的水，不能使用自来水），然后把金鱼放到鱼缸中，并在鱼缸里种上水草。都完成之后，大家就不需要给金鱼喂鱼食，不用设置氧气机，也不用换水了。如果做得好的话，生态系统会自行运转，因为在这个小小的鱼缸内，生活着生产者、消费者和分解者。

虽然我们的肉眼看不到，但荷花池中的水中生活着很多的植物性浮游生物和动物性浮游生物。植物性浮游生物（生产者）通过阳光的照射生长，然后被动物性浮游生物（第一个消费者）吃掉，动物性浮游生物长大一些后，会被金鱼（第二个消费者）吃掉。

而水草也是进行光合作用的，所以它可以在鱼缸内部产生氧气。另外，即使金鱼在鱼缸内排泄，水也不会变浑浊，这是因为荷花池水里面有无数的微生物分解者会把金鱼的排泄物吃掉。

生态系统存在于地球上的每一个角落，在窗前的小鱼缸，在荷花池、湖泊和海洋，在草原、沙漠和雨林，在冰冻世界的南极等地方都有生态系统的存在。

太阳照射在地球上，即使只是长出了一棵苔藓或者小草，在那里也会有我们肉眼所看不到的生态系统。

最初，太阳能量进入苔藓和植物的体内，然后储存在植物的细胞中，这些植物会被动物吃掉，动植物的尸体又会被细菌和霉菌进行分解，然后回归大地，其中的营养成分会使土壤中的植物生根发芽，植物会再次接受阳光并生长。太阳能量进入生物体内，通过生产者、消费者和分解者进行不间断的循环，这叫做生态系统的循环。

大家在学校中学习到的生物也是对生物知识的逐渐累积，现在大家都清楚了植物和动物，还有我们肉眼看不到的小生物是怎样与大自然和谐相处的了。所以我们人类也应该清楚和明白，什么是对大自然该做的，什么是不该做的。

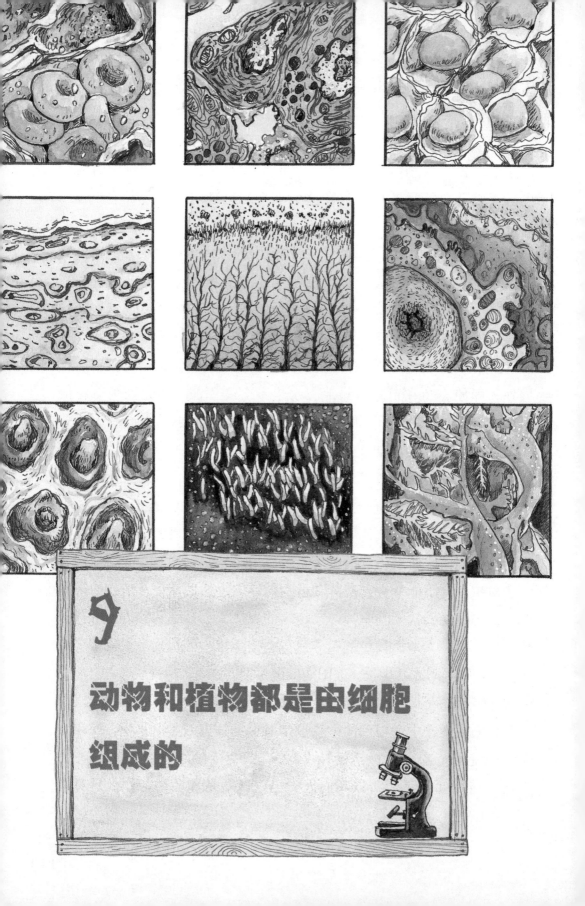

9

动物和植物都是由细胞组成的

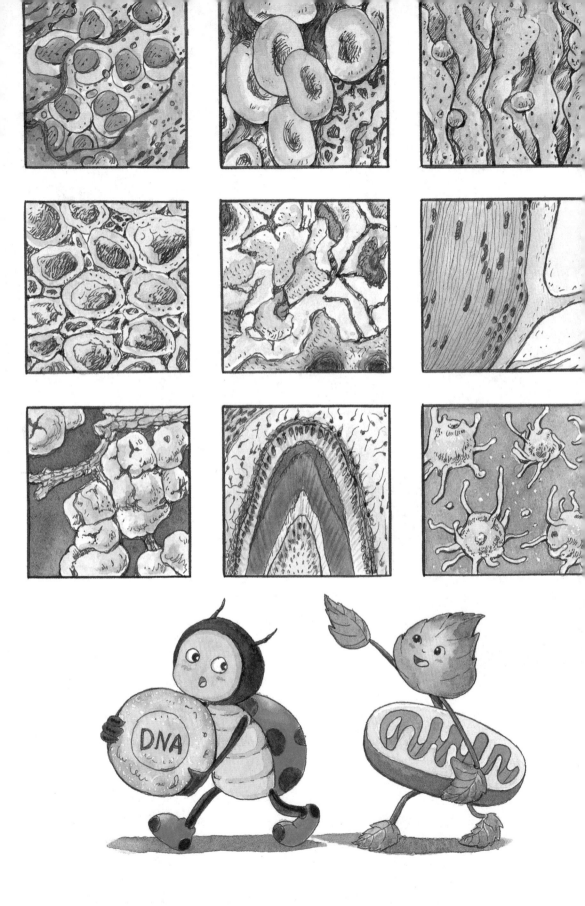

大家到现在为止学习了动物和植物的相关知识。动物和植物都是以各自不同的方法和方式来生存和生活的，因为生存和生活方式的不同，才能够使诸多的生物和谐相处。到现在为止讲的是生物之间不同的故事。

其实植物、动物和我们肉眼看不到的小生物也有很多相同点。狮子、小鸡、鱼、老鼠、鲸、蘑菇、变形虫、屎壳郎、橡树、细菌都是有共同点的，那么这个共同点是什么呢？

是呼吸吗？

是活着的生物吗？

大家说的都是对的，不过还有一点。

大家能想起来吗？可能大家有印象，却想不起来了。在这个世界上，所有的生物都与铁、金、岩石等物质不同，是有生命的。有生命的物体都会呼吸，并且身体内都具有小口袋。如果没有这个小口袋，就不是生物了。

以前，我的奶奶在裙子的里面缝了一个小口袋，然后放进去几枚硬币。

我们放学回家之后，就会一边喊着"奶奶"，一边向她跑去，这时奶奶就会从裙子里的口袋中掏出几枚硬币让我们去买零食吃。奶奶的裙子里只是缝有一个口袋，而动物和植物的体内却有无数的小口袋，那么我们就从这个小口袋开始讲起吧。

动物和植物体内的这些小口袋叫做细胞，啊，细胞！大家在这本书前面的内容中已经接触过细胞了。相信大家还没有忘记细胞在地

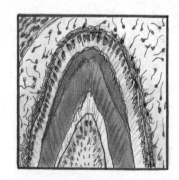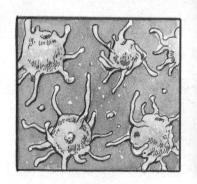

球上诞生的故事。细胞就像是一个很小很小的房间，也像是软软的果冻一样，也像是个易拉罐，它们有生命，会移动，会吃食物，还可以工作！就像是奶奶从口袋中掏出几枚硬币一样，在细胞内也有很多圆圆的东西。

　　我在初一的时候第一次学习了有关细胞的知识。一天，老师在黑板上画了一个大方块，在这个大方块里面画了很多的小方块，老师告诉我们："这就是细胞。"然后在大方块中的小方块里面画了一些圆的和卷曲的东西，老师说圆圆的叫做细胞核，卷曲的东西叫做线粒体，并且还在很多卷曲的地方写上了这些东西的名称，最后老师告诉我们："我们的身体是由细胞组成的。"

　　而我们也只是傻傻地点了点头而已。大家都在忙于记笔记，竟然连老师的这一句"我们的身体是由细胞组成的"这句话都没有来得及思考，更别提感到惊奇了。

　　直到下一节课，我们终于可以对细胞进行观察了。

　　我们透过显微镜观察显微镜镜头下放有洋葱切片的玻璃板，有的同学观察动物的细胞。实际上，在显微镜下的动物细胞和植物细胞并没有老师在黑板上画得那么清晰，我们在观察笔记上把观察到的细胞模样大致画了下来，这之后有关细胞的学习就结束了。

　　想必大家也将要像我小时候一样学习细胞了吧？老师进行说明和讲解之后，大家傻傻地点点头。在我初一的时候，一次都没有见过我们体内的细胞是长成什么样子的，虽然第一次知道了狮子、大象、老鼠、人类、鱼类、花草树木、小虫子等都是由细胞组成的，但也没有太过于惊讶，好像这是很自然的事情一样，像背英语单词似的学习了细胞。可能21世纪并不是一个惊叹细胞之神奇的时代了吧，因为人们对于细胞已经非常了解了，而发现细胞的故事也不会引发大家多大的反应，只是自然而然地去学习，自然对细胞也不会产生什么不解和疑问了。但是在细胞最初被发现的时候，科学家们是感到非常不可思议的。

在距今300多年前，英国的一位科学家第一次用显微镜看到了细胞，当时这位名叫罗伯特·虎克的年轻人30岁，可能与我们的生物老师年龄相仿。

虽然虎克当时年纪轻轻，但是背部和腰部已经有些弯曲了，非常瘦，脸色苍白，眼睛有些突出眼眶，头部非常大，而下巴却很小，怎么看都是一位长相非常丑的科学家。罗伯特·虎克很不喜欢人们这样看不起他，有的时候自己还会非常生气。因为实际上，罗伯

特·虎克是一个很亲切平和的人，大大的脑袋里充满了好奇心，还经常会出现新的想法。

罗伯特·虎克在刚刚出生的时候十分瘦弱单薄，因为经常生病，他没能够上学，只是跟爸爸学习了写字、数学和圣经，还自己画画，制作各种船的模型和玩具表。在爸爸去世之后，已经成长为青少年的罗伯特·虎克想要成为画家，于是找到了很有名的老师学习，但是罗伯特·虎克闻到颜料的味道就会头疼，所以只能放弃了当画家。罗伯特·虎克用为数不多的爸爸的遗产全都交了威斯敏斯特公立大学的学费。

从学校毕业之后，罗伯特·虎克成为科学家中小有名气的试验助手，因为他可以制造很多种机器，发明出很多有用的仪器，试验也是非常仔细认真的。罗伯特·虎克制造出来了很多很棒的试验器具，比别人制作的显微镜、酒精灯、空气泵、湿度计、温度计、风速计等器具更好，他自己还发明一些新的器具。（那之后，罗伯

特·虎克发现了围绕太阳运转的行星的运转规律，对光、空气和小
生物进行研究，还发现了弹簧的弹性规律。）

 ## 在你的身体内有600兆个细胞！

　　一天，罗伯特·虎克把镜片又切又擦，在镜筒上这样安放之后又
那样安放，辛苦了半天终于制造出了自己满意的显微镜。（显微镜
是生物科学研究中常用的观察工具。最早的显微镜是一位荷兰眼镜
商在1600年前后制造出来的，它的结构简单，放大倍数不高，只有
10~30倍，可以观察一些小昆虫，如跳蚤等，因而有人将它称为"跳
蚤镜"。）

　　罗伯特·虎克在显微镜下观察了各种各样的物质。苍蝇的眼睛，
蜜蜂的蜂针、蝴蝶的翅膀、羽毛，荨麻，等等。罗伯特·虎克用显微
镜观察了用树木做成的一小块软木薄片，他看到了很神奇的东西。

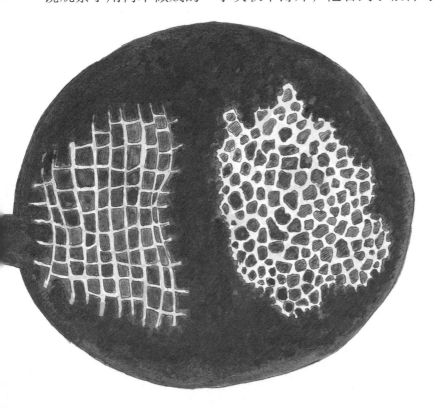

显微镜下的这块软木薄片是由很多的小房间组成的！而这些小房间看起来是空的。

"这到底是什么呢？"罗伯特·虎克感到非常困惑，然后在自己的研究笔记上对这些小房间这样记录道："以前从来没有任何一个科学家说过有关的情况，我是第一个用显微镜发现了植物里有小孔的人。"

当时除了罗伯特·虎克，没有人像他一样如此仔细地在显微镜下观察物质。人们对于肉眼看不到的世界，就像是存在于遥远宇宙的行星一样，什么都不知道。而在罗伯特·虎克没有在显微镜下观察物质的时候，他也不知道将会看到什么，木头的碎屑里究竟会有什么。

罗伯特·虎克觉得软木薄片里的这些小房间很像什么家具都没有的房间，所以给这些小房间命名为细胞（cell，小屋子，单人小房间）。

罗伯特·虎克把观察到的软木薄片里面的小房间和苍蝇的眼睛，蝴蝶的翅膀，蜜蜂的蜂针都仔细地画了出来，并把使用显微镜观察的方法告诉了世人。罗伯特·虎克是最早发现细胞的人，并且也是给细胞命名的人。

我不禁把罗伯特·虎克对于科学的热情和初一时的我做了比较。初中时，老师会把细胞给我们画出来，然后告诉我们身体是由细胞组成的。而我们会通过显微镜观察细胞，虽然睁大眼睛看，看的也不是很清楚。我们一开始对于第一次见到的显微镜和通过显微镜看到的动物和植物细胞感到很新奇。但是我们对于细胞已经是已知的状态了，即使会感到有些新奇，也远比不上罗伯特·虎克发现细胞时的喜悦心情。

令人感到惋惜的是，虽然罗伯特·虎克对于显微镜下的木屑中含有这样的小房间感到很惊奇，但是他却完全不知道这些小房间到底有什么作用，它们到底是做什么的。其实，他看到的是已经死去

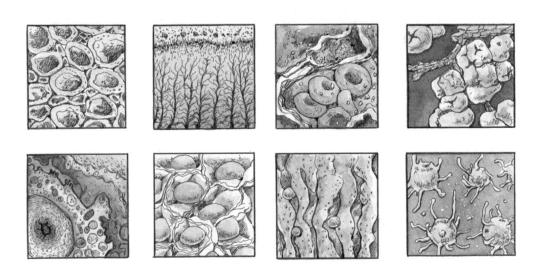

的，里面空空的细胞。

在罗伯特·虎克观察了软木薄片木屑的细胞之后，其他的科学家用显微镜对花的茎、树的树叶、根、种子等进行了观察。这些科学家们发现了很多与罗伯特·虎克发现的细胞相似的，也有不同的细胞。有圆的，有六角形的，有长得像吸管的，有长得像蚕蛹的，有扁平的，等等。科学家们开始陷入了困惑之中，这些难道也是细胞吗？

通过上面的图我们可以看到有各种各样的细胞。

现在，我们都知道这些物质的名称叫做细胞，现在也拥有比以前那些科学家们所处的时代更好的显微镜，可以看到细胞内更小的物质。细胞内有细胞核、线粒体、叶绿体、内质网、高尔基体、核糖体等物质。虽然细胞的模样会有各种各样的，但是细胞内的物质大多是相同的。如果不知道这样的一个事实的话，大家可以想象这些形状各异的物质都是细胞吗？

科学家们也经过了长时间的困惑，因为那个时候没有像现在这样好的显微镜，所以也就无法知道细胞内有什么样的物质，科学家们是逐渐推测出虽然这些物质外表不同，但都是细胞这一事实的。

"细胞原本是像鸡蛋一样的圆形状的，但是受到来自四面八方的细胞的推动和碰撞，受到了挤压，有的就变成了方形，有的变成了长条形。"这个主张是正确的。到那时，科学家们终于知道了植物也是由细胞组成的。那么动物也是由细胞组成的吗？

科学家们再一次陷入了困惑之中。动物和植物看起来是那么的不同，那么动物到底是不是由细胞组成的呢？

活着的所有的生物都是由细胞组成的。人的身体内是由大约600兆（1兆＝100万）个细胞组成的。而细菌和变形虫体内只有一个细胞。花草树木、霉菌、苔藓、蚯蚓、老鼠、乌龟、猴子、狮子、恐龙等都是由细胞所组成的。但是，"生物是由细胞组成的"这一个事实，却并不容易得知。我们在学校里会学习到这个是植物的细胞，那个是动物的细胞，它们之间的不同点是什么等。而在这之前，科学家们揭开了植物和动物都是由细胞组成的这一事实经过了漫长的岁月。

科学家们把老鼠的肝脏和肾脏，青蛙的骨头，狗的牙齿和肌肉，蝌蚪的皮肤，人的头发，羊毛，鱼的眼睛和鳃，鳗鱼的皮，小牛的血液，墨斗鱼的头部，甲壳虫的外壳，兔子的唾液腺和肠子等等都放在了显微镜下进行仔细的观察。但是动物细胞比植物细胞更加难发现，动物细胞比植物细胞更小，并且烂乎乎的，所以很不容易观察到。

科学家们发明了各种方法，使用更加清晰的显微镜；把动物的组织冷冻起来之后，切成非常非常薄的扁平切片，把细胞染上颜色，等等。终于发现了动物的身体也是由无数的小房间密密麻麻地聚集在一起组成的。

有的细胞是圆形的，有的是像棍棒形状的，有的是胖胖的，有的是扁平的，还有的是凹进去的，甚至有的细胞还长有绒毛和尾巴，有的长有尖尖的突起部位。

1938年，生物学家施莱登发表了《植物发生论》，1839年，生物学家施旺发表了《关于动植物的结构和一致性的显微研究》，明确指出动植物皆由细胞组成。

随着这一事实告知于世，许多人都受到了打击。动物和植物等所有的生物只是模样不同，居然都是由细胞组成的！就像是易拉罐内被饮料充满，果冻盒子里被果冻充满一样，我们的身体内，大象的身体内，跳蚤的身体内都是由无数的小细胞密密麻麻地组成的！我们的身体居然都是由细胞组成的！

当然细胞与易拉罐和果冻是不同的。易拉罐和果冻是不会做任何事情的，只是静静地待在那里。而细胞就不同了，细胞是有生命的，可以呼吸，还可以工作。正

把细胞扩大一万倍

　　细胞在生命活动中发生着物质和能量的复杂变化。细胞内部就像一个繁忙的工厂，在细胞质内有许多忙碌不停的"车间"，这些"车间"都有一定的结构。就让我们来看看细胞内各细胞器的分工合作吧。

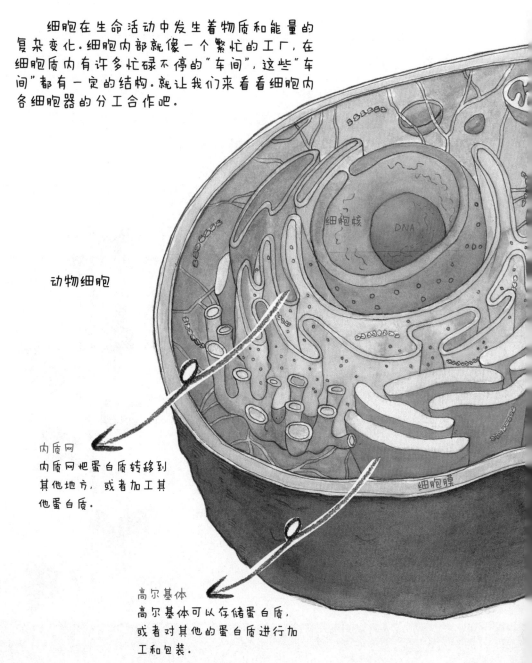

动物细胞

内质网
内质网把蛋白质转移到其他地方，或者加工其他蛋白质。

高尔基体
高尔基体可以存储蛋白质，或者对其他的蛋白质进行加工和包装。

溶酶体
溶酶体能分解衰老、损伤的细胞器，吞噬并杀死侵入细胞的病毒或病菌。

线粒体
线粒体是细胞进行有氧呼吸的主要场所。细胞生命活动所需的能量，大约95%来自线粒体。

核糖体
核糖体有的附着在内质网上，有的游离分布在细胞质中，是"生产蛋白质的机器"。

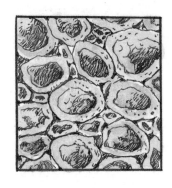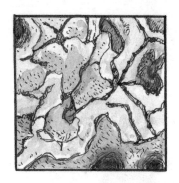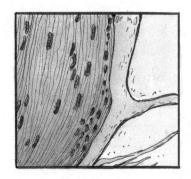

因为细胞的工作，我们才能够生存。而不工作的细胞大多是已经死亡的细胞，死亡的细胞会成为污垢、排泄物、鼻涕等从我们的身体上离开。在污垢和排泄物中有无数死亡的细胞尸体，而这些细胞可能刚才还在我们的体内工作着。

细胞的半径只有1/10毫米，1/100毫米，不用显微镜是看不到的（不过也有体积较大的细胞，像青蛙的卵，虽然只有一个细胞，但是我们肉眼是可以看到的）。所以，科学家们在发现细胞之后，想要知道细胞内有什么物质也是非常困难的事情。

之后我们经常能够听到的细胞核、叶绿体、线粒体等细胞器都包含在细胞内的小型工厂中。细胞启动这个小工厂，进行呼吸，吃掉食物，进行光合作用，制造能量和营养成分，制造出来的营养成分还会转换成其他的营养成分，然后储存、运输着。细胞准确地知道自己应该做的事情，大家并不需要让细胞做这个，做那个，命令它们。细胞自己会自行担当和处理事情。

在大家的身体内大约有600兆个细胞。而细菌、变形虫、草履虫和有孔虫只有一个细胞。介于人类和变形虫中间大小的生物所具有的细胞数在1个到600兆个之间。而像大象、狮子、恐龙、大型树木的细胞要更多。

具有多细胞的生物要比只有一个细胞的生物能够做的事情多。大家所知道的几乎所有的生物它们的细胞数都是数千个，数万个，数亿个，数万亿个的。大家可以想象一下老鼠、鱼、蛔虫、青蛙、兔子、狐狸、老虎、大象、锹形虫等生物所做的事情和我们肉眼看不到的细菌、变形虫所做的事情。只具有一个细胞的生物没有脑，没有神经，没有胳膊和腿，没有翅膀、眼睛、耳朵，也没有心脏。但是拥有众多细胞的生物有一样是比不上只拥有一个细胞的生物的。狮子无论拥有多么强大的力量，多么能够捕捉猎物，如果狮子体内的细胞单独分开的话，是无法生存的。如果我们身体内的细胞也单独分开的话，我们也许一会儿就死去了。不过也有例外的细胞。几十年前，有一位因为癌症而去世的女性，科学家把癌细胞从她的体内取出，放在了玻璃器皿中培养。细胞本来是无法单独生存的，但是这个癌细胞却能在科学实验室的玻璃器皿中存活很多年。

　拥有很多细胞的生物可以做一些比较复杂的事情，但是细胞如果单独分开的话，这些生物就无法生存。但是只具有一个细胞的

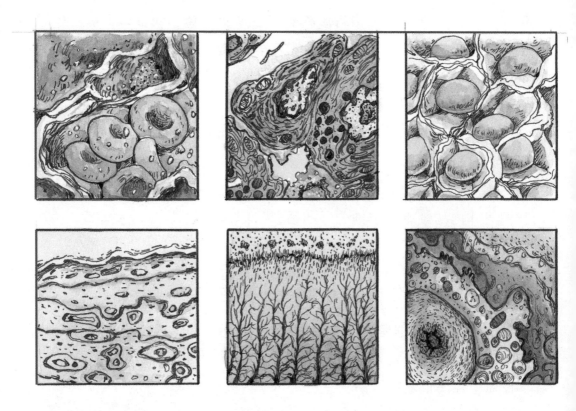

变形虫可以独自睡觉，独自起床，独自捕食，呼吸着空气，悠闲自在地生活着。

 ## 小朋友、南瓜、鲸、豆子怎样才能茁壮成长？

以前，我的奶奶会把不能穿的衣服剪成一块一块的布，然后在裙子的里面封上小口袋。奶奶的裙子里的小口袋就是她亲手缝的，那么在大家身体内的诸多细胞是怎样产生的呢？

大家在出生的时候只有妈妈的手臂那么长，在妈妈肚子里的时候要比出生的时候更小。如果时间向前推移，大家刚在妈妈肚子里一个月的时候，就像是指甲盖那么小。然后再向前推移，回到了最初的状态，大家都只是一个小细胞而已。那么这个细胞是从哪里来的呢？爸爸和妈妈在某一天给了大家一个非常珍贵的细胞，然后这个细胞慢慢开始变多，直到变成了600兆个细胞，大家也变成了个子高大、壮实健康的孩子了。大家长大之后也会结婚，然后也会把一个珍贵的细胞送给我们的孩子。

那么细胞是如何从一个发展到数百个，数千个，数亿个的呢？如果大家的心里产生了这个疑问，那么大家就和200~300年前科学家们所困惑的问题是一样的了。在发现了细胞，知道了植物和动物都是由细胞组成的之后，科学家们对于如何能够制造出新的细胞困惑了很长时间。那么，新的细胞究竟是怎样产生的呢？

大家思考一下切苹果，可以把一个苹果切成8块，那么细胞是否也会像苹果一样分成很多块呢？大家再思考一下猫产崽，母猫生出了6只小猫，那么细胞是否也像猫一样可以生出小细胞呢？还有一个方法，在春天树木上面会生出新的树叶，那么细胞是否也像树木一样会产生出新的细胞呢？如果大家还是对此感到困惑，那还可以再多进行一下思考。妈妈在做馒头的时候，会和面，放入酵母之后，用面粉和的面就会产生出气泡。那么是不是在老细胞的缝隙中会冒出年轻的细胞呢？

在1852年，有一位名叫罗伯特·雷马克的科学家这样说道："细胞是分裂成两半的！"

雷马克通过显微镜观察了青蛙的卵之后发现了这个事实。青蛙的卵只具有一个细胞，而一个细胞分裂成了两个，两个分裂成了四个，四个分裂成了八个，八个分裂成了十六个……直到小蝌蚪从卵中诞生。但是其他的科学家并没有轻易地相信，这也有些太容易就分裂成两半了！

但事实真的是这样的。当细胞长成原先的两倍时，就会分裂成一半（但是卵在分裂的时候，细胞并没有跟着生长，只是不断地分裂）。最先是细胞核分裂成两半，当细胞核变成两个的时候，细胞

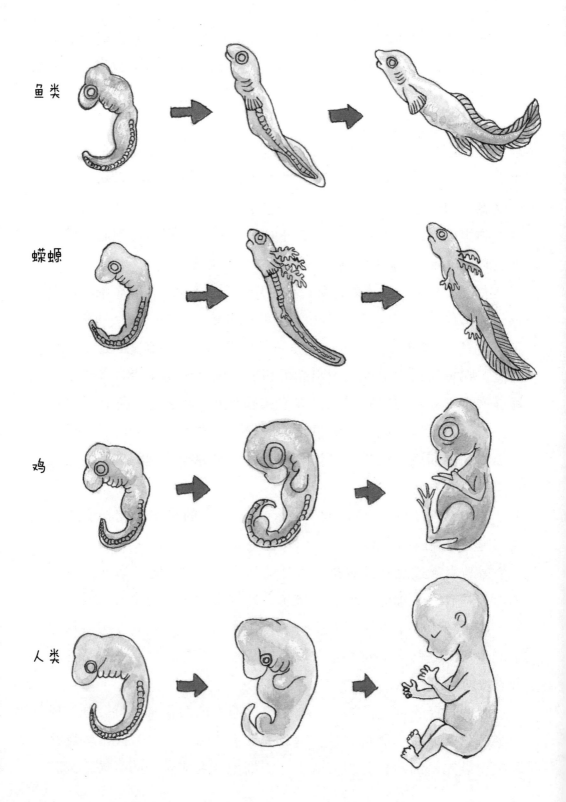

鱼类

蝾螈

鸡

人类

132

的其他部分也分裂成了两个。有的细胞大约需要一小时左右的时间分裂成两个，然后两个就会变成四个，四个就会变成八个，到了细胞分裂到第十次的时候，细胞就会从一个分裂成1024个。这样一来就总是有新的细胞诞生。细胞只是用这种分裂的方法来产生新的细胞，这种新的细胞产生的情况叫做细胞分裂。

大家最开始也是从一个细胞开始的，但是是如何成长为现在这么健康的孩子的呢？这是因为大家的细胞也是一个一个地分裂，到最后慢慢变多。而扁豆为什么会不停地长出叶子呢？扁豆在旺盛生长的时候，在扁豆的叶子里，一个小时会新产生出大约2000个新细胞。鲸一天大约可以生长80千克，在南瓜旺盛生长的时候，每天都会增重。这是因为所有的细胞都在分裂，越来越多的原因。

虽然大家在切蛋糕时，先切了一半，然后又切掉了一半的一半，大家对此并不会感到新奇。但是细胞却可以自行做这样的事情。

这时大家可能会问，这有什么神奇的吗？正因为如此，你和我、花草树木、小狗、兔子、鸟类、鱼类、鲸等，这所有的一切才可以存在于这个地球上。现在科学家们知道了细胞是怎样分裂的了。但是细胞分裂之后，鱼类的卵最后成为鱼类，蝾螈的卵最后成为蝾螈，鸡的卵最后成为鸡，人类的受精卵最后成为小孩子，这还是令人感到非常新奇的。

细胞凋亡

如果细胞不断地生长，不断地分裂的话，那么我们也许就会变成可怕的巨人了。可能在看这本书的时候胳膊和腿还都在不停地生长，把书合上之后，也许衣服都变小了。

还好事实并非如此。虽然细胞会在我们的体内分裂，但是并不是总在分裂，另外，并不是所有的细胞都会进行分裂。在我们的体内，有不断分裂细胞的部位。比如说骨骼和骨髓，皮下、内脏深处等部位会有不停分裂的细胞。不断地分裂，产生出新的细胞的叫做干细胞。干细胞会不断地产生出新的细胞，而每天也会有细胞死亡和消失。大家现在生存在这个世界上，就是因为在大家的身体内干细胞在不断地进行着分裂，而相反来说，细胞总是会死亡或者消失。如果在大家的身体里有的细胞变成不受机体控制的、连续进行分裂的恶性增殖细胞，这种细胞就叫做癌细胞。

癌细胞不受限制，不断制造出与自己相同的癌细胞。所以，如果我们的身体内出现了癌细胞，就是得了非常严重的病了。

细胞在遇到伤口的时候会死亡，会因为老去而死亡，还会自动死亡。

大家在妈妈的肚子里的时候，手的模样并不是像现在一样具有分开手指的漂亮的手，而是在手指之间长有蹼一样的东西，看起来就像是一个小铲子似的。但是随着大家在妈妈的肚子里慢慢成长，手指之间的细胞就会自动死亡，所以我们出生时的手就具有分开的手指了。

当我们的身体内有病毒和细菌入侵的时候，细胞自己会选择死亡，这样一来就可以防止把病转移到其他细胞上面去。被病毒和细菌感染的细胞会慢慢萎缩，然后向周围的细胞发出化学物质，告知自己的即将死亡，这时，专门处理废弃物的噬菌细胞会过来把这个死亡的细胞整体吃掉。细胞在我们的体内死亡的现象被称为细胞凋亡。

正在发育以及发育成熟的生物体中，细胞发生死亡的数量是惊人的。健康的成人体内，在骨髓和肠中，每小时都有10亿个左右的细胞死亡。脊椎动物的神经系统在发育过程中，约有50%的细胞死亡。今天在大家的体内还有很多的新细胞产生，无数的细胞死去和消失，而大家的身体也会不断地被新的细胞所代替。

细胞凋亡对于多细胞生物体完成正常发育，维持内部环境的稳定，以及抵御外界各种因素的干扰都起着非常关键的重要。

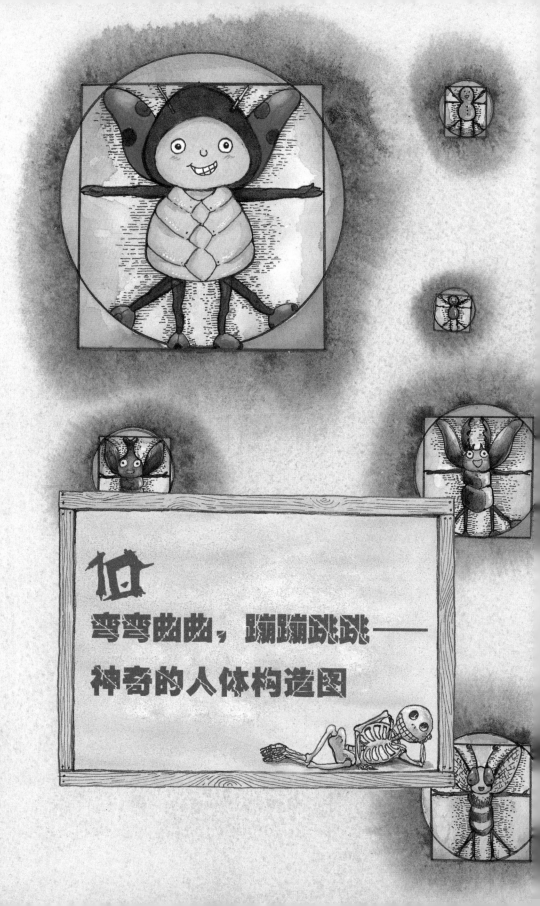

10

弯弯曲曲，蹦蹦跳跳——
神奇的人体构造图

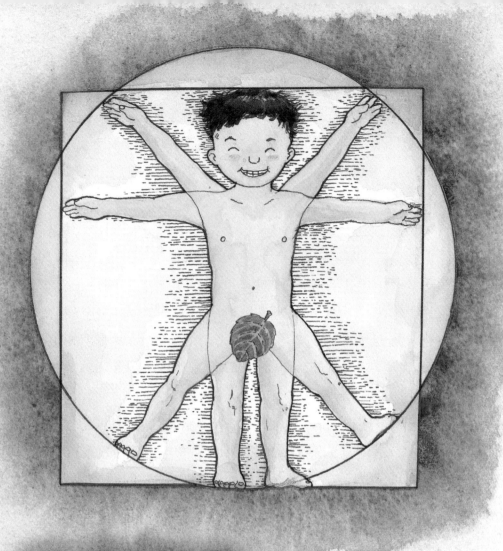

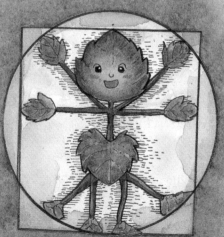

大家举起自己的手仔细地看一看，会发现我们的手指可以自由活动，可以攥成拳头，可以手指伸开，还可以找到血管。大家还可以摸一摸硬硬的骨头，然后想象一下，我们的两只手都是由无数的细胞组成的。大家在攥起拳头然后打开的瞬间，有的细胞在诞生、分裂、活动、工作、死亡、消失。

这些现象虽然我们的肉眼看不到，但是如果想象一下的话，就会感觉到是那么的不可思议。我很喜爱的爱丽丝（《爱丽丝漫游仙境》中的人物）来到了镜子国家见到了白皇后，白皇后这样说道："我在像你这么大的时候，每天要练习30分钟。（这种练习是相信不可能的事情的练习。）有的时候在吃早饭之前还要练习相信6个不可能的事情。"幸运的是，我们去相信细胞的存在和感觉细胞要比这容易得多。

在大家的身体内，有无数勤劳的细胞。细胞们聚集在一起就会制造出这样的一些景象：在睡觉的时候也会咚咚跳动的心脏，有着各种奇思妙想的大脑，结实的胃和肠子，接收空气的两个肺，在身体内永不停歇地流淌的血液，结实的肌肉，在身体内支撑着我们的结实的骨骼，还有比飞机的速度还要快速地向脑部传达各种消息的神经，等等。

现在我们要开始讲我们神奇的身体的故事了。大家虽然每天都带着自己的身体走来走去，但是大家对自己的身体是否了解呢？

大约在距今500年前，那时候还没有X光线和医疗器械，人们并没有什么机会可以看到自己身体的内部。虽然在市场，在学校，在家，在农田，在街上随时都可以看到人们，但是我们看到的只不过是外表，人们身体的内部我们看不到也无法了解。而现在，我们去书店时可以看到很多有关人类身体内部结构的书籍。

我们到医院里可以看到墙上挂着人体内部结构图，甚至大家还可以找到人的骨骼模型放在自己的房间里。现在我们如果想要了解人体内的构造并不难，但是在以前并不是这样的。

　　在以前，对人体进行解剖是绝对不可以做的事情。如果在去世的人的身上用刀子切的话，这是对死者的一种侮辱，会因此而犯罪，更别说是解剖了。在那个时候，连测量体温的体温计，测量脉搏和血压的器械，诊察心脏、肺部和胃部的听诊器都没有。医生们对于人体的内部并不了解。人们即使生了病，也很少去看医生。甚至在

有的村庄，人们会把生病的人放在路边，然后问路过的人们："大家看看，这个人到底哪里出问题了？"

不过有一个方法是可以让人们了解人体的内部结构的，就是解剖猪、猴子、黄牛等动物。在很久以前的罗马时代，一位医生解剖了猪、猴子和黄牛之后，把得到的知识写在了书里。这本书在科学家们的手中传阅了1000多年，医生们通过这本书学习到了很多人体的奥秘。但是毕竟猪、猴子和黄牛是与人不同的，人们对于人体内到底是什么样子的，到底正在发生着什么了解得并不透彻。人身体的内部是什么样子的呢？不断跳动的心脏在做着什么样的工作呢？血液是在哪里产生的？从我们的鼻孔进入体内的空气跑到哪里去了呢？人为什么会有肺？肝又起着什么样的作用？在我们生病的时候，呼吸的时候，吃饭的时候，发烧的时候，在我们的身体内部究竟发生了什么样的事情呢？

以前的人们对于人身体的内部并不了解，但我现在就能够回答出这上面提出的几个问题呢。

血液是流动的。在很久以前，有一位医生把血管切断后，发现血总是流出来，由此他知道了血液是流动的。血液真的是流动的吗？大家对于血液流动的了解就像对于江河湖海的流动的了解一样，但是请大家思考一下，如果我们无法看到人身体内的构造，也没有相关的书籍的话，大家除了知道血液是红色的，流出来的太多人就会死亡之外，还知道什么吗？

血液随着血管向身体的各个角落流淌，运送营养成分。

人们在吃东西的时候，食物就会进入肠胃。进入肠胃的食物就会产生一些变化，这个变化在现在被称为消化。

另外，产生变化的食物还会传递给肝，变成血液。

心脏可以调节体温。心脏就像一个暖炉一样，可以给血液加热。

肺会给炙热的心脏降温。

每个人的体温都是不同的。如果生活在很热的地区，体温就会高，而生活在寒冷的地区的话，体温就会低。

人类主要是通过鼻孔来呼吸空气的，而青蛙却是通过全身来呼吸的。

在距今大约500年前，某位医生十分好奇并很想了解人身体内部的构造，这当然不是什么奇怪的事情，因为医生当然要了解人体了。但是这位医生最后也没能如愿。

16世纪，在比利时有一位名叫安德烈·维萨里的医生。

小时候的维萨里喜欢玩的东西在别人眼中看来是很奇怪的。

他总是会注意周围有没有死去的狗、猫和老鼠，如果有的话就会把这些动物的尸体带回家解剖，并且进行观察，因为他对于动物身体的内部到底是长成什么样子的十分好奇。当时大家认为维萨里自然也会像其他孩子一样以后会成为法学者、修道士或者商人，但是他却选择学习了医学。在学习医学的过程中，维萨里根据长久以来的传统，以猪、猴子和黄牛的身体内部结构学习了人类的身体结构。其他的学生当然就满足于这样的学习了，但是维萨里却非常想要知道人体的奥秘。

所以维萨里做出了一件令人震惊的事情。他从墓地里挖出尸体的骨头带回家，还从绞架上偷来了刚刚死去的人的尸体，到了夜晚，维萨里就会悄悄地点上蜡烛，对尸体进行解剖和研究。不过大家不要把维萨里看成是一个怪人，他肯定有很多我们所不了解的一面。可能他是一位非常善良，开朗的人呢。总而言之，维萨里当时是非常想要知道人体的秘密，但是却没有其他的办法。

维萨里在23岁的时候成为帕多瓦大学的医学教授。在这个地方，特别允许为了研究而进行的人体解剖，这让维萨里非常兴奋。其他的教授看到血肉模糊的尸体连碰都不想碰一下，只是坐在一旁看着理发师解剖（那个时候的理发师又做手术又解剖），然后给学生们说明。而维萨里总是自己亲自拿着解剖刀来解剖，触摸，观察人体内部的各个部位。

　　维萨里那个时候比任何人都更加了解人体的构造。最后，他终于非常仔细地画出了人体内部结构图，并且专门出版了一本解说的书。想要了解这个地球的学者们会画出世界的地图，画出宇宙和星座的地图，但是那之前却没有关于人体的详细图。通过维萨里的这本书，人们开始慢慢知道自己身体的内部构造了。

咚咚！心脏为什么会跳动？

伟大的哲学家和科学家亚里士多德曾经说过这样一句话："用我们的心看到的真理就像是蝙蝠看到阳光一样！"

蝙蝠的眼睛真的可以看到阳光吗？这也说明了真理并不是那么容易就能够找到的。虽然自然的秘密总是在召唤我们，但是想要全都了解这些秘密是非常难的。

多亏了维萨里的人体构造图，我们才能够知道那些器官在哪些位置上。而在那个时候，心脏、肝、肺这些器官依然还是未解之谜。这其中，心脏是第一个引发争论的器官。可能大家并没有好奇过心脏到底是做什么用的，但是在以前，科学家们和医生们是非常想知道心脏到底是做什么的。有的人觉得心脏里有别的东西存在，有的人认为心脏就像是一个暖炉，给血液加热，燃起生命之火。

不过人如果死亡的话，最先停止跳动的是心脏，心脏在人体的所有器官中，被认作是最为重要和特别的一个器官。

那么心脏为什么会跳动呢？是不是在心脏中出现了什么事情呢？如果心脏不是在做着一件非常重要的事情的话，在我们吃饭的时候，运动的时候，看书的时候，听音乐的时候，睡觉的时候，心脏也不会如此不停歇地跳动不停的。那么到底心脏是在做什么事情呢？以前，医生们在解剖猪的时候知道了心脏中有血液，进而发现了心脏是和血管连接在一起的。从这里可以看出，心脏和血液是有着一定的关联的。那么心脏是不断地制造出新鲜的血液吗？心脏真的是让血液变暖的暖炉吗？不过我不想直接就告诉大家心脏的功能是什么，如果如此容易就能够知道答案的话，这就不是真正的学习了，也没有趣味了。所以让我们继续看下去。

在维萨里去世了14年之后，在英国的一个富翁家，出生了一位名

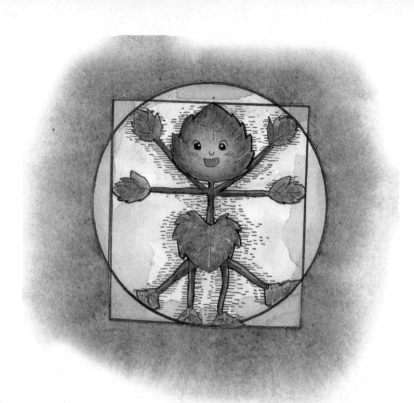

叫威廉·哈维的人。哈维日后成了一名很有名的外科医生，并成为当时国王的主治医师。（又是一名医生！现在很难找出一名因为对研究人体秘密非常有热情，进而成为医生的人了。而在以前，不仅是为了治疗疾病和找工作，还有很多的人是因为想要研究人体的秘密而成为医生的。）

哈维对于心脏是做着什么样的工作，血液是如何在我们身体内运转感到很好奇。所以，他为了能够知道心脏的秘密，对鸡、青蛙、蟾蜍、蛇和鱼类等动物的心脏进行了解剖，然后触摸心脏，并进行了仔细的观察和研究。

哈维看到了心脏是如何运动的。心脏一张一缩地运动着。心脏每收缩一下之后，又会回到原来的大小。当心脏收缩的时候，心脏的肌肉就会用力，变得很结实，而回到原来的大小的时候，又会变得好像肿起来一样，一会儿又会很用力地收缩，这时心脏里的血液就会从动脉中冒出。

哈维在看到了在心脏收缩时血液流出的情景后，他确定了一点，这就是心脏并不是给血液加热的暖炉，而是能够喷出血液的泵！大家思考一下泵是在哪里使用的，泵是用于吸水和排水的，或者吸入空气然后再排出空气。所以说心脏是我们身体内的泵的原因是心脏可以排出血液，然后让血液流遍全身。心脏一边收缩，一边把血液推送给动脉，当有血液从心脏中流出时，动脉就会一鼓一鼓的，就像是把橡胶手套里面充入空气之后，手套的手指部分就会鼓起来一样，动脉也是在心脏流出血液的时候会膨胀起来。大家也可以很容易感觉到动脉的膨胀，用你的大拇指放在手腕上，然后找到脉搏跳动的地方，感觉到脉搏的跳动就是动脉膨胀的瞬间。

之后，哈维又很想知道心脏在跳动一次的时候，到底会流出多少血液呢？

于是，哈维决定做个实验。他认为把活着的动物的血管切开就可以知道了，所以他尝试着把鸡的血管切开。哈维用一个量瓶接着血液，看看一分钟会有多少血液流出。

在那之后，如果30分钟内还是以这样的量不断地流出血液的话，他计算了从心脏中流出血液的量（虽然有很多只鸡因此而死掉，但是哈维和这些牺牲掉的鸡们都被载入了史册）。

但是，经推算，如果鸡的血保持这种速度流出，那么30分钟时间内从鸡身上流出的血液要比鸡身体内的全部血液还多！这可是一个惊人的发现。从一只鸡的小小心脏中30分钟之内流出的血液居然要比整个身体内的血液还要多，以如此快的速度不断地制造新鲜的血液难道是可能的吗？

在以前，人们认为血液是从心脏或者肝中随时制造出血液之后流淌出来的，但哈维认为并不是这样的。如果只是随时制造出如此多的血液，然后都流入血管内的话，血管就不可能不发生爆裂。所以哈维下了一个这样的结论，也就是说，从心脏中流出的血液在全身流淌之后还会回到心脏之中！血液是在身体内循环的！

但是有一点还是有些困惑。哈维当时知道我们人类的身体内是有两种血管的，一个是承载着从心脏中流出的血液的动脉，一个是承

载着回到心脏的血液的静脉。（我们在皮肤上面可以隐约看到的蓝色的血管就是静脉。静脉的壁并不是透明的，而是呈青蓝色的。）哈维认为血液是循环的，那么动脉和静脉就要连接起来。但是哈维却并没有发现动脉和静脉连接的地方。如果就像是河上面的桥中间出现了断裂一样，动脉和静脉是分开的的话，血液如何能够从动脉流向静脉呢？血液是如何在身体内流淌，然后又回到心脏的呢？

　　哈维陷入了困惑中。这么说，是血液在身体内循环的这个理论错了吗？哈维并不认为是这样的。哈维并没有放弃自己的理论，而是写出了一本书，里面详细地记录了自己的实验和通过实验发现的东西，虽然现在还不清楚，但是他相信终有一天，科学家们会一一揭开这些疑团的。

　　在那之后，有一位名叫马尔比基的科学家在看到哈维的这本书后非常感动，在马尔比基的那个时代，还是有很多的人不相信哈维的理论，这是因为哈维在还没来得及解决血液是如何从动脉流向静脉，并且还有许多尚未解决的问题，就过世了。

　　马尔比基解剖了无数的青蛙和老鼠，甚至于马尔比基生活的村庄里的青蛙和老鼠都几乎消失了。一天，马尔比基用显微镜观察了已经干透的青蛙的肺部，他看到了在肺部有一点点的血管，这些血管是非常纤细的，就像是线团一样团在一起。马尔比基小心翼翼地拨开一看，这些小细血管一边连接着静脉，一边连接着动脉！马尔比基发现了哈维没能发现的东西。

　　动脉和静脉真的是连接在一起的！马尔比基从青蛙的肺部发现了这个纤细的血管，并且这个血管里面还在不断地流淌着血液。这个纤细的血管就叫做毛细血管。从动脉到毛细血管，从毛细血管到静脉，血管是连接在一起的。毛细血管的管径极细，所以如果没有显微镜的话，是无法发现的。

　　现在我们知道了血液是如何在我们的身体内流淌的了。心脏是一个把血液运送到我们身体每个角落的结实的泵，而血液也总是通过血管流向我们的全身。血液从心脏出发，通过动脉和毛细血管后流遍全身，然后再通过毛细血管流向静脉，再次回到心脏，就这样不间断地流淌着，循环在我们的体内。

大家吃下去的食物都跑到哪里去了呢？

血液从心脏离开之后，会经过多长时间再次回到心脏呢？血液循环一圈大约需要20秒的时间。血液以这样一个惊人的速度从心脏中出发后，转遍我们身体一圈之后仅用了20秒就又回到了心脏中。

血液为何如此忙碌地在我们的身体内循环运转呢？血液里面到底有什么呢？

血液循环的主要功能是实现体内的物质运输，一旦血液循环停止，人体就会因为失去正常的物质运转而发生新陈代谢的障碍。

以前，科学家们为了知道人们吃下去的食物是如何产生变化的，进行了很多的努力。在18世纪的意大利，有一位名叫斯巴兰让尼的科学家用自己的身体进行了实验。

他把吃下去的东西又吐了出来，看看变成了什么样子，然后把发出难闻气味的呕吐物又吃了进去！然后过了几个小时以后，又把吃进去的东西吐了出来，观察食物变成了什么样子。

那么，食物在我们人体内到底是如何消化的呢？下面，我们就要跟随着我们吃进去的食物一起，在我们的身体内进行一场神奇的食物旅行了。大家是不是很期待啊！

消化系统是人体中能帮助消化的各个器官的总称，包括牙齿、舌头、唾液腺、食道、胃、小肠、大肠、肝、肾等。正是由于各消化器官们的辛勤工作，才为我们的身体供应了充足的营养，也为我们进行各种活动提供了能力。

口腔是消化系统的开始部分，主要负责咀嚼和研磨食物。食道专门将食物向胃输送。胃是一个柔软的肌肉组织，它不停地融动着，进一步捣碎和搅拌食物；同时分泌胃酸、胃蛋白酶等物质，把食物进一步分解，变成黏糊一样的东西，便于进入小肠被彻底消化和吸收。

即使我们晚饭吃的是十分美味的炸酱面，但是舌头能够感觉到的甜咸味道也只有一会儿而已。当炸酱面来到了我们的胃里之后，胃就会把炸酱面变成黏糊。

经过消化的营养物质经小肠绒毛吸收后送入毛细血管和毛细淋巴管。大肠是处理和贮藏食物残渣的场所，最后形成的粪便由肛门排出体外。

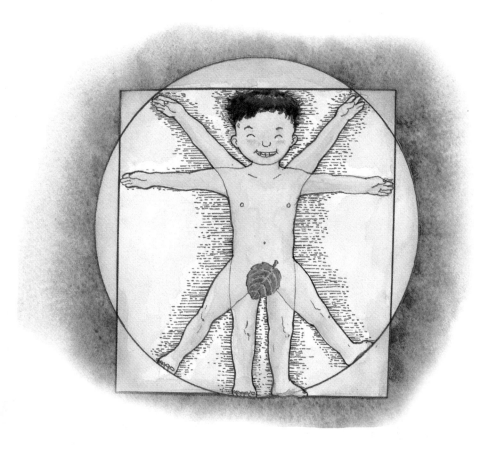

消化系统的组合和功能

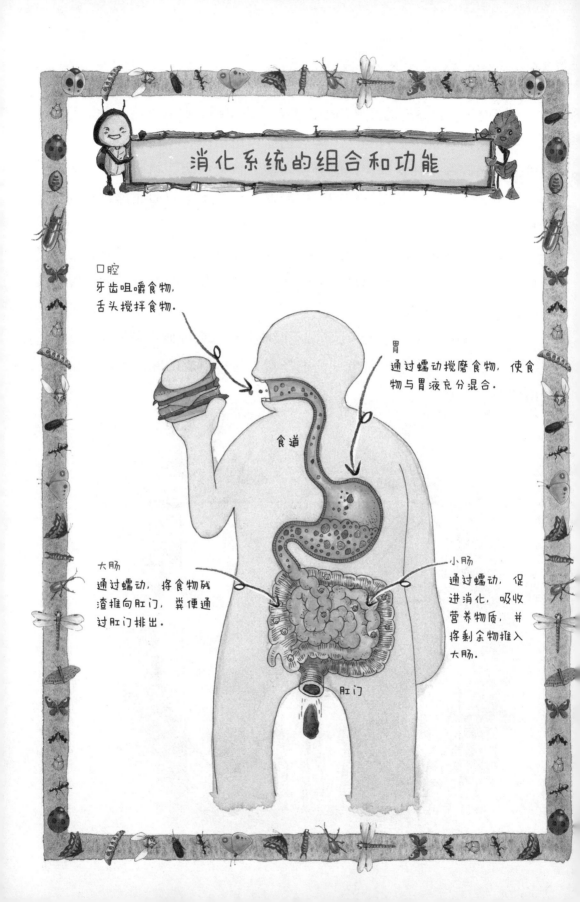

口腔
牙齿咀嚼食物，
舌头搅拌食物。

胃
通过蠕动搅磨食物，使食物与胃液充分混合。

食道

大肠
通过蠕动，将食物残渣推向肛门，粪便通过肛门排出。

小肠
通过蠕动，促进消化，吸收营养物质，并将剩余物推入大肠。

肛门

一般情况下，人体完全消化一餐摄入的食物大约要花费24小时。食物在胃部停留1~6个小时，之后，几乎所有的食物都会离开胃部。接着通过小肠，停留2~6个小时。接着，已经成为半液体状的食物在大肠内，约停留6小时。大约20个小时以后（有时会更久），剩余的废弃物会经由肛门排出体外。

　　这就是食物在我们身体内经过的漫长的历程。

　　现在，我们对于心脏、肺、血液、胃、大肠、小肠、废弃物等的故事全都讲完了。大家有些累了吧？我也是。看来是该上趟卫生间的时候了。

11

什么叫遗传学？

有一个孩子写了一篇小文章：

我和我的爸爸长得一模一样。

我的爸爸如果把眼镜摘掉的话，眼睛像我一样小。嘴都好像合不拢的样子。

我觉得这篇小文章特别有意思。这个孩子发现自己和爸爸的相似之处之后，感到非常的高兴。我正想和大家一起仔细地思考一下孩子为什么长得像自己的爸爸妈妈，就发现了这么一篇有意思的小文章，这个孩子的眼睛小，嘴巴像合不拢一样，这些都跟爸爸很像。那么大家都哪里长得像爸爸呢？眼睛、鼻子、嘴、眼睫毛、耳朵、手指、脚趾、小腿肚子、喜欢的食物等等。大家可以寻找一下和自己的爸爸妈妈哪里相像。

很久以前，大家的爷爷奶奶、姥姥姥爷生出了和他们相像的我们的爸爸和妈妈，然后爸爸妈妈结婚之后又生出了与他们相像的我们。我们长大成人之后也会结婚，然后生出和我们相像的孩子来。

在世界的任何地方，无时无刻不在发生着这样的事情。为什么孩子会长得像自己的父母呢？

从很久以前开始，科学家们就对这个问题陷入了困惑之中。人们生出和自己相像的孩子，猫也会生出和自己相像的小猫，杜鹃也会繁衍出与自己相像的杜鹃来。这个世界上的所有生物都会生出与自己相像的后代。还有比这个更加清晰的事实，这就是，人是人生的，猫是猫生的。人类生出猴子的事情是肯定不会发生的。当然小猫也不可能生出小狗，杜鹃花也不可能结出南瓜。

这些是比太阳从东方升起要更加理所当然的事情。但是这又是为什么呢？虽然科学家们并没有喊出这是为什么，但是他们也许会在心里产生种种疑问。随着仔细的思考，自然答案就能够揭晓了。

科学家们对于理所当然的事物也会提出一些奇怪的问题，然后为了找出答案而锲而不舍。如果大家也像这些科学家一样如此困惑的话，那么大家就有充分的资格继续读下面的文章了。

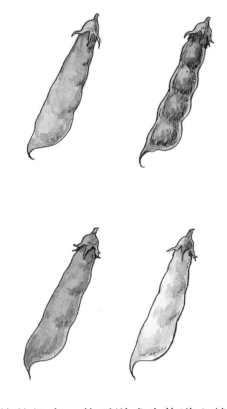

19世纪中期，有一位叫做孟德尔的年轻人，生活在奥地利的一所修道院里（现捷克境内）。孟德尔一边给学生上课，一边在修道院里工作，利用业余时间学习科学。

孟德尔非常喜欢科学，从小就想成为科学家，但是由于家境贫穷，孟德尔没能上大学。在一个偶然的机会，他听说成为修道士就可以继续学习，修道院里面有很多书，而且还可以免费学习。如果能够学习好的话，还可以给学生们上课，教授科学知识。孟德尔进入了修道院，带着希望努力地学习。过了几年之后，孟德尔终于可以参加科学教师资格考试了，但是却连续两次都没有通过。在教授面前进行口述考试时，由于孟德尔太过于紧张，说话也变得结巴，自己知道的知识都没能说出来。考试过后，孟德尔感到非常的沮丧和伤心，有一段时间一直生病卧床。病好之后，孟德尔调整好自己的心情和身体，他决定就算得不到任何人的认可，自己也要快乐地学习科学，像科学家一样去过一辈子。

豌豆爷爷发现了遗传规律的奥秘

孟德尔对于人、动物、植物是如何能够繁衍出与自己相像的后代感到很好奇。子女长得像父母的这种现象叫作遗传，那么在这个世界上真的有从动物和植物的家族中传下来的遗传的秘密吗？

那个时候，科学家们对于子女长得像父母的问题是这样认为的：在爸爸妈妈结婚后有了小孩的时候，妈妈的血和爸爸的血注入孩子的体内，这样孩子体内的血一半来自爸爸，一半来自妈妈，所以小孩就长得像自己的父母了。所以有自来卷头发的人和头发比较硬的人结婚的话，就会生出半自来卷的孩子；如果个子高的人和个子矮的人结婚的话，就会生出中等个头的孩子。

但是孟德尔认为这个理论是错误的。如果自来卷头发的人和头发硬的人结婚生出的孩子是半自来卷，那么半自来卷的孩子长大后和头发硬的人结婚，生出的孩子就会是一半的一半自来卷，这个孩子长大之后如果又和头发硬的人结婚的话，就会生出一半的一半的一半自来卷的孩子。如果这样的事情一直发生下去的话，自来卷的特征就会慢慢变得不明显，总有一天自来卷会从这个家族中消失了。但是孟德尔认为并不是这样的。如果这些科学家的主张是正确的，

那么爸爸妈妈在结婚后生小孩的时候，就应该生出来的是一半有着爸爸的血液，一半有着妈妈的血液的半男半女的小孩了。但是事实上却是，男女结婚之后，生出来的孩子不是男孩就是女孩。所以孟德尔认为，自来卷的人和头发硬的人结婚之后，生出的孩子不是自来卷的头发就是硬头发。

孟德尔在思考怎样解开遗传的问题比较好时，他决定做一个豌豆的实验。孟德尔也很喜欢养植物，从小就看着爸爸在农田中饲养农作物和果树长大的。

孟德尔从无数的植物中经过深思熟虑选择了豌豆。

豌豆有茎长得比较高的，也有茎长得比较矮的。那么如果让个子高的豌豆和个子矮的豌豆结婚的话会怎么样呢？是不是像其他科学家说的会长出中等个子的豌豆呢？孟德尔决定让高个子的豌豆和矮个子的豌豆结婚。

在孟德尔生活的修道院里面有一块菜地，春天的时候，孟德尔在菜地里种上了数百个高个子豌豆的种子和矮个子豌豆的种子。胖胖的，有着宽额头，在小小的眼睛上架着一副眼镜的自来卷修道士孟德尔每天除了祈祷，读圣经，给学生上课，几乎所有的时间都在菜地里面工作，耕地，种豆，浇水，拔杂草等等。

豌豆苗壮成长，开出了花，但是开出的花可不能随便进行交配，必须用个子高的豌豆和个子矮的豌豆结合在一起。

孟德尔拿着镊子和笔开始了工作。他用笔沾上了一些高个子的豌豆花的花粉，然后把这些花粉放在了矮个子豌豆花的雌蕊柱头上（因为矮个子豌豆的花粉不能落在自己的雌蕊柱头上，所以孟德尔

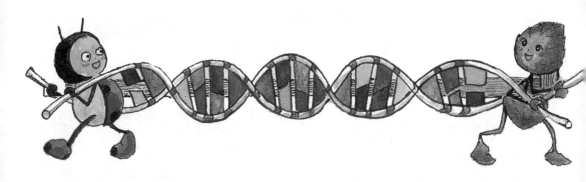

事先用镊子把矮个子豌豆花的雄蕊给拔掉了）。然后把花上面罩上了袋子，这样就可以防止其他的花粉落在上面了。孟德尔不知道，这可是使遗传学这门学问得以诞生的惊人实验。

豌豆们在举行完婚礼之后，过了几周终于长出了豆荚。

豆荚一共有数千个之多。孟德尔把豆荚里面的豆子取了出来，留到了第二年的春天种到了菜地里。

豆子长大了，全都长成了茎很高大的豌豆！没有一个是中间个头的。如果按照那些科学家的主张，父母的特征混合起来遗传给后代的话，应该是长出中间个头的豌豆的。所以孟德尔的想法是对的。

但是矮个子豌豆的特征又跑到哪里去了呢？雌性的豌豆是矮个子豌豆，难道一点也没有遗传给自己的后代吗？这么说来，矮个子豌豆的特征完全消失了吗？孟德尔并没有这样认为。在自己的后代豌豆里面的某个地方，肯定隐藏着从雌性豌豆那里遗传过来的矮个子特征，这个特征等到这些豌豆长大，有了自己的后代的时候，这些特征会在自己的后代上面体现。

孟德尔用豌豆继续进行着他的实验。

这次，孟德尔没有用两种不同的豌豆之间结合的方式，而是想尝试一下同一枝花里的雄蕊和雌蕊进行结合（有的植物即使不通过昆虫和风来传递花粉，自己体内的雄蕊和雌蕊也可以结合。这叫做自花传粉）。这样一来，就可以生出不与其他豌豆的特征掺杂的后代了。孟德尔认为，如果说雌性豌豆的矮个子特征真的遗传给了后代的话，那么这次长大的豌豆就有可能是矮个子的豌豆。

终于等到长出了豆荚。孟德尔把豆荚打开取出了里面的豆子，豆子的数量共有1024个。孟德尔在第二年的春天，又把这些豆子种在了菜地里。那么是否会出现矮个子的豌豆呢?

豌豆长出了子叶，开始苗壮地成长。孟德尔带着期待的心情每天都去测量豌豆的身高。有的豌豆的身高真的比较矮! 在菜地里种的1024个豌豆中有747个是高个子的豌豆，而有277个是矮个子的豌豆。虽然第一代的豌豆长得像爸爸，全都个子非常的高，但是它们也带着矮个子妈妈的特征。所以到了第二代的时候，有矮个子的豌豆出现就是一个有力的证据。

但孟德尔并没有只满足于测量豌豆的个子，豌豆的模样有圆滑的和皱缩的，豆子的颜色有黄色的和绿色的，豆荚形状有饱满的和不饱满的，种皮颜色有白色的和灰色的，花的位置有开在叶腋的，有开在茎顶的。

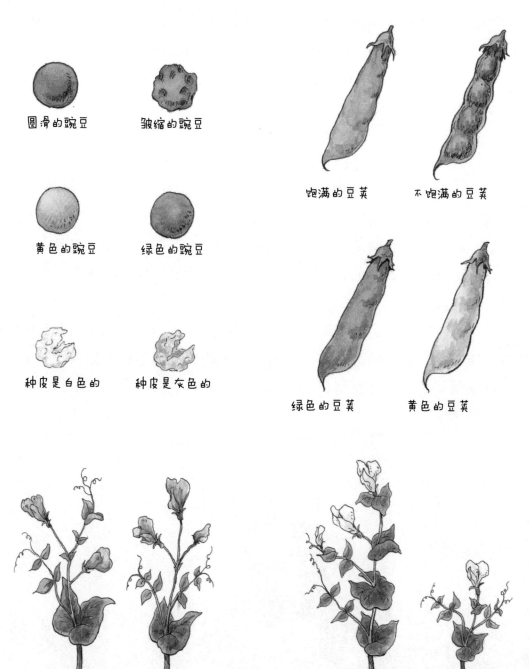

圆滑的豌豆　　皱缩的豌豆

饱满的豆荚　　不饱满的豆荚

黄色的豌豆　　绿色的豌豆

绿色的豆荚　　黄色的豆荚

种皮是白色的　　种皮是灰色的

花开在叶腋　　花开在茎顶

高个子的豌豆　　矮个子的豌豆

孟德尔选出了豌豆的7种特征，利用多年时间对每一个特征都进行了实验。耕地，种豆，拔杂草，进行无数次的交配，观察豌豆的茎，花和豆荚，把豆荚打开数出豆子的数量，观察豆子的模样，然后进行记录，然后装入不同的袋子里进行分类。孟德尔从第一代豌豆开始，不间断地观察了第二代，第三代，第四代……就这样过了8年。

孟德尔会对不时来访问的客人们这样说道："要看看我的孩子们吗？"天呐，修道士居然有孩子？客人们感到非常吃惊，但是他们不知道，这只是孟德尔在和他们开的一个小玩笑。

在第8年的冬天，结束了长长的实验之后，孟德尔以非常幸福和满足的心情在整个冬天写出了一本实验报告书。这是个谁都想不到的独创性的实验，弯腰耕地，将每一个豌豆进行交配，打开过数千次数万次的豆荚，把里面的豆子进行分类和计算等等。这些枯燥而又需要十分仔细的事情居然让有耐力的孟德尔坚持下来了，这无不让其他的科学家感到吃惊和震撼。

在一天的傍晚，孟德尔拿着他认真书写的报告书站在了人们的面前。那个时候，这所城市里的教授、科学家、学者们等共40余名的人都在注视着孟德尔。而这次孟德尔并没有感到紧张，有条不紊地进行了他的发表。但是并没有一个人提出问题，场面十分安静。

当然孟德尔知道自己发现的是什么，而当时，谁也无法理解这是个多么重要的实验。

而有知识的教授们也只是听孟德尔在努力地说明这几年在自己的菜地里都发生了什么事情。

这天，孟德尔把一个重要的规律随着实验结果一起告诉了人们。研究子女是怎样长得像父母的学科叫做遗传学。当科学家们还不知道父母的特征是如何传递给孩子的时候，孟德尔做出了这么一个伟大的实验，并且是第一位准确研究这个问题的人，所以孟德尔就成为遗传学之父。但是在孟德尔在人们面前朗读他的研究结果的时候，还没有遗传学这门学科。

那么子女为什么会长得像自己的父母呢？长得像父母的孩子在出生的时候都带着怎样的秘密呢？父母到底是把什么遗传给了自己的孩子呢？

孟德尔在把高个子豌豆和矮个子豌豆进行交配的时候，第一代的后代都是高个子的豌豆。所以孟德尔是这样想的：在豌豆里有一种物质是让茎能够生长得很高大的，还有一种物质是让茎生长得很矮的。这种物质就是基因。孟德尔认为，雌性豌豆和雄性豌豆都各自把决定后代个子的基因遗传给了自己的后代，所以在后代豌豆里面，有两个决定了豌豆个子的基因。

第一代的豌豆身体内具有高个子基因和矮个子基因，但是为什么第一代的豌豆都长得很高呢？

孟德尔认为，在高个子基因和矮个子基因在一起的时候，高个子的基因抑制住了矮个子的基因。

高个子基因的特性总是表现得非常明显，而矮个子基因的特性很少会显现出来，所以孟德尔把高个子的基因称为显性，把矮个子的基因称为隐形。但是隐性基因也是和显性基因共同存在于豌豆的体内的。基因从父母传递给孩子的时候，并不会消失或者变得稀少。孟德尔相信，矮个子的隐性基因是隐藏在豌豆的体内的，就算不会马上显现出来，总有一天会显现出来的。并且实验结果也确实是这样的。后代豌豆从父母那里得到的基因如果没有高个子基因，只有矮个子基因的话，后代豌豆的个子也会是矮的。

孟德尔把谁也不了解的实验结果报告书寄给了英国、法国、德国、奥地利等国有名的科学家们，孟德尔想："是不是知识更加丰富的科学家可以理解这个实验结果呢？"孟德尔在很长的一段时间里都在等待着答复。邮递员每次拿着信件来到修道院的时候，孟德尔都是充满了期待。但是在信件堆里，没有一封科学家们的回信。失望伴随着孟德尔过了一天又一天。孟德尔是不知道的，有的人非常忙碌，他们认为孟德尔是连名字都没听过的不专业的科学家，有的人读了也没有理解，有的人认为这是旁门左道等，就这样石沉大海了。虽然后来孟德尔得到了第一封也是最后一封回信，但是信上也只是说孟德尔的研究似乎是错误的。

之后，孟德尔成为修道院的院长，一边忙着修道院的事物，一边不断地进行科学研究。

伴随着忙碌又有些悲伤的生活，时间就这样过了很久。虽然一些优秀的科学家在等待着能够有人理解自己的发现，但是等待的过程也是一种煎熬，孟德尔当然也清楚这一点。

孟德尔现在不种豌豆了，他种植自己喜欢的植物，与侄子们玩国际象棋，接待来到修道院的客人们，一有空就学习科学，给学生们上课，每天祈祷，每天在早上9点、下午2点和晚上9点检查挂在修道院墙上的温度计和湿度计，记录下每天的天气情况，计算出一个月的平均气温和多种气象资料一起寄给中央气象台。孟德尔作为修道院长和农村地方气象观察员是小有名气的。但是没有人能够记住他也是一名生物学家。

在孟德尔去世几十年后，有三位科学家发现了孟德尔的研究报告书。科学家们终于理解，这是一个多么好的想法。那之后，孟德尔变得有名起来，并且被冠以了"遗传学之父"的名誉。不仅在孟德尔生活的城市竖起了他的铜像，还在教科书中加入了孟德尔的实验和发现。

科学家们继孟德尔的研究之后，一个一个揭开了遗传的神秘面纱。遗传学在20世纪成了一门新兴的，有前途的学科。如果在孟德尔生前，科学家们可以了解哪怕是一点点遗传的规律那该有多好。

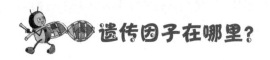# 遗传因子在哪里？

不光是豌豆，孟德尔还坚信人类、老鼠、杜鹃花、海带等生物中也是有基因的。是的，如此多的生物都具有基因。但是基因到底在哪里呢？而基因又是什么呢？科学家们在很长一段时间内，努力地去解开基因的秘密。

基因是一个大分子！基因是有遗传效应的DNA片段（DNA是由许多脱氧核苷酸聚合而成的生物大分子）。在分子的世界中，虽然DNA就像是蚂蚁王国中的恐龙一样大，但是它也不过是细胞里的一个非常微小的物质。相信大家没有忘记我们的身体是由细胞组成的。在大家的身体内有600兆个细胞，在每一个细胞内都有DNA。

DNA长得是什么样子一直是一个谜。在50年代的时候，聪明又有能力的科学家沃森和克里克并没有费多大的力气就知道了DNA的样子。因为这个发现，沃森和克里克得到了诺贝尔奖。如果把牢牢地团在一起的DNA分子弄开的话，就能看到像是两股长长的铁链拧在了一起似的。这条长长的铁链中一节一节的就是基因。在大家身体的细胞内，有着数万个这样的基因。

基因会决定你会成为什么样的人。基因决定了你个子的高矮，毛发的多少，是什么血型，决定了舌头能不能卷成圆圆的形状，是单眼皮还是双眼皮。

基因能够决定你是不是会变成秃顶，它还决定了你的胖瘦，是成为懒惰还是勤奋的人，你的性别是男是女也都是由基因来决定的。

现在不知道大家会不会感到很惊讶。也就是说，基因决定了一切吗？就像大家一样，有一段时间，人们相信基因可以解释人之间所有的不同点。所以在有的国家，为了不使那些头脑笨的人，犯罪者生出和自己相像的后代，还制定了不让这些人繁衍后代的法律。

但实际上，基因并不能决定人的全部特征。基因可以决定你是否会成为秃顶还是自来卷的人，不管你是否洗头，是否梳头，如果你具有秃顶的基因，那么无论你做什么总有一天都会成为秃顶的。但是你的胖瘦，各自的高矮，是否聪明等等不仅是由基因决定的，还会由你的生活习惯，家庭的环境，吃的食物的不同而不同。你是个乖巧的孩子，还是不听话的孩子，是否是一个认真复习准备考试的孩子，是否是一个喜欢和空气玩耍的孩子，还是喜欢玩拍洋画的孩子，在你长大后是否会结婚等等这些问题都与你的基因没有关系，而在于你的目标和意志。

虽然基因并不是一个能够随心所欲地制造出很多东西的魔杖，但是科学家们认为，在揭开了基因的秘密之后，也就是向生命的秘密迈出了具有决定意义的一步。如果没有基因，也不可能有细菌、蚯蚓、玫瑰花、小狗、人等生物的存在。

这个世界上的所有生物都是根据细胞内基因的命令形成并生长的。

科学家们通过研究基因，想要努力地揭开生命的秘密，还制造出来很多我们需要的药物。科学家们取出细胞内的基因之后，把基因切开，粘上，又放回到细胞内，用一种巧妙的技术在实验室中复制了无数的基因，甚至还把人类的基因和细菌的基因粘贴在了一起！在实验室里对基因进行的这种实验叫作遗传工学。1980年，在实验室里研制出了为糖尿病患者治疗的胰岛素蛋白质，通过这件事情，遗传工学也是第一次通过媒体介绍给了世人。（胰岛素是人体内分泌的荷尔蒙，在血液里的葡萄糖过多的增加的时候，就会帮助肝和肌肉吸收葡萄糖进行储存。）健康的人，身体内会自行制造出胰岛素，但是糖尿病人的身体因为无法自行制造胰岛素，所以需要通过注射的方式来把胰岛素注入体内。遗传工学家们从人的细胞里找到制造胰岛素的基因，然后放入细菌的基因里面。随着细菌的生长和繁殖，直到死亡前都在不断地制造着人类的胰岛素。

把人类的胰岛素基因放入细菌体内，就像是把细菌变成了一个胰岛素的工厂。科学家们把人的基因放入羊和猪的体内，通过乳汁分泌出人们所需的蛋白质。遗传工学家们把生物的基因相互混合，还制造出了地球上没有的新生物。把比目鱼的基因放到西红柿里，有了比目鱼不会被冰冻的基因，使西红柿种在结冰的寒冷地带都可以生长。把细菌的基因放到豆类和白菜里，有了不惧怕农药的细菌的基因，无论给豆子喷洒多么剧毒的农药，豆子也不会死亡。

遗传学在很多领域都被使用着。在猪的体内养着人类的心脏和肾脏，根据基因指纹抓住罪犯，把基因进行组合提高玉米和豆子的生产量，在孩子出生之前可以事先知道其出生后可能会有什么样的遗传病。科学家们还认为，人类的老化和死亡的秘密也在基因里。

可能在几十年之后，就像是挑选汽车一样，我们也可以挑选自己喜欢的基因然后生出最满意的小宝宝来。到时候，妈妈们就会这样来到基因医院进行预约："我要头脑聪明，身材好，个子高，金头发，高鼻梁，脸上泛着玫瑰光泽，双眼皮大眼睛，有两个酒窝，唱歌好，又不会生病的女孩！"

有的科学家对于遗传工学是很赞赏的，但是有的科学家对于以超快的速度发展的遗传工学十分的忧虑和担心，他们担心人类的未来。我认为，遗传工学用于与整形技术类似的途径。由于火灾而烧毁了面部和皮肤的人们，鼻骨骨折的人们，长得非常奇怪的下巴骨等，如果能够把这些治疗好的话，那整形手术就是好的。但是随着整形技术的日益发达，人们总在别的地方使用这种技术，比如说割双眼皮，垫高鼻子，为了不使皮肤看起来显老，把皮肤拉得很有弹性等，这些都是人们的欲望。而遗传工学要比整形技术还要危险几千倍。

现在，比起其他科学领域来，研究基因和生命的科学家们的责任是最为重大的。人类从科学出现以来，经过了物理、化学、地质

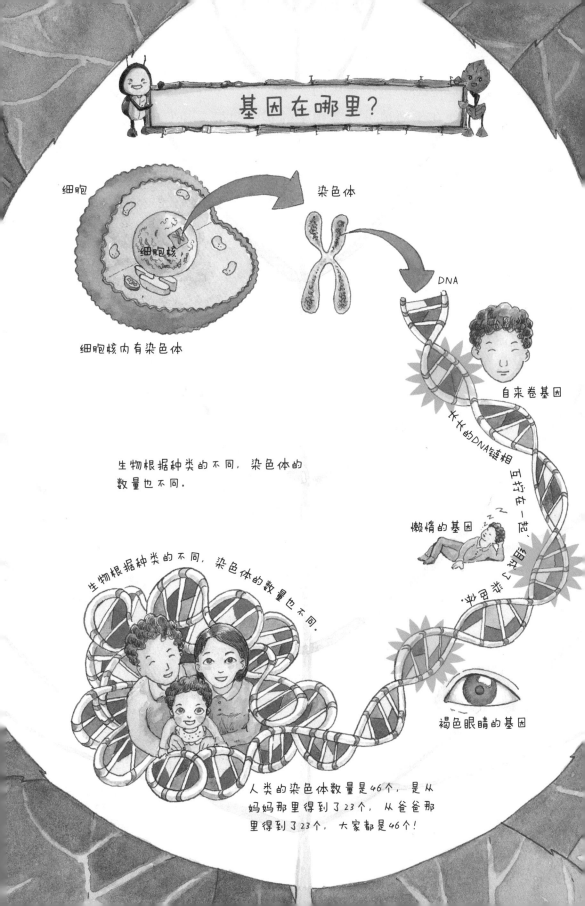

基因在哪里？

细胞

细胞核

细胞核内有染色体

染色体

DNA

自来卷基因

长长的DNA链相互打在一起，

生物根据种类的不同，染色体的数量也不同。

懒惰的基因

生物根据种类的不同，染色体的数量也不同。

褐色眼睛的基因

人类的染色体数量是46个，是从妈妈那里得到了23个，从爸爸那里得到了23个，大家都是46个！

学，还促成了生命科学领域的飞速发展，形成了这一领域的辉煌成绩，并且还在不断地进行着很多的实验和很多的发现。虽然遗传工学是一项令人惊奇的技术，但是因为太危险了，不能只让它成为遗传工学家们的事情。遗传工学的尽头在哪里呢？我觉得也许不会有尽头，并且也并不盼望着那一天的到来。为了使遗传工学能够走上一条正确的道路，应该有更多了解科学，明白科学是为人类服务的科学家们出现。不仅是科学家，一般的人也应该多去了解科学，并对科学产生兴趣。

以后，大家也许会面临难以抉择的一天。为了检查出你是否具有遗传疾病，而要对你的基因进行检查，如果你具有秃顶的基因的话，你是就不管头发，还是把头发都剃掉？你即将出生的孩子如果持有一个危险的基因的话，你是否要对其进行基因的操作？

如果人们去选择基因来生自己的孩子的时候，你会怎么做？你是否会买基因操作的食品呢？遗传工学并不只是在实验室里发生的事情，而是与我们的生活有着密切的关联的，而且以后关联会越来越深。人们如果利用遗传工学拥有了漂亮的外表，聪明的头脑，并且也不会变老，能够活很长时间，过着悠闲的生活的话，遗传工学就会变成一种又贵又没有用的技术了。

截止到现在，遗传学已经诞生了100多年了。但是就在这不过100年的时间里，遗传学揭开了生命的秘密，对基因进行操作的惊人技术。就像是在最开始孟德尔种豌豆的时候，也许根本想不到100年后会发生什么事情一样，100年后，遗传学会把世界变成什么样子我们也不得而知，但有一点是很清楚的，科学家们在研究人类的基因和果蝇的基因时，发现了60%以上的基因是相同的，这使得科学家们非常吃惊。而人的基因与香蕉的基因有50%是相同的，人的基因与老鼠的基因90%是相同的，而人的基因与黑猩猩的基因居然有99%是相同的！

我们在看到这样一个事实的时候，会感到非常新奇有趣，但进而我们的心情就会变得严肃起来。果蝇、香蕉、老鼠、细菌、黑猩猩都是和大家非常相像的。所以可以这样说，果蝇、香蕉、老鼠、细菌、黑猩猩都是大家的亲戚，在38亿年间，细菌的基因慢慢地进化之后形成了各种各样的生物，也许在大家的基因里面，有着很早以前的细菌的基因，有着变形虫和霉菌的基因，有着海洋昆虫的基因，有着鱼类和青蛙的基因，有着老鼠和苍蝇的基因，等等。

大家如果知道了这一事实，并且能够把它记在心里的话，就证明大家认真地学习了这本书了。

现在我们的故事要结束了。我虽然学习了生物学，但却认为写生物学的故事要比写其他科学领域的故事难得多。关于物理、化学、地球科学比起生物学来，乐趣在于一点一滴地知道一些知识。在了解了一个知识之后，也会感到心情很好。但是生物学需要学习的领域非常多，所有的事物都是复杂地缠绕在一起的，想要披荆斩棘地走过去一点也不容易。生物学的各种用语和分类非常多，到现在仍然存在着很多科学家们还不能理解的事物。

虽然还有很多故事没有给大家讲，但是也许到这里结束是好的。只是一个遗传的故事，就要讲出基因是如何不会消失，一代一代传下去的，基因是如何给细胞下命令，然后形成了生物的身体的，在细胞分裂的时候，在DNA和染色体上发生了什么事情，为什么爸爸妈妈生出来的小宝宝有像父母的地方，也有不像父母的地方？基因突变又是怎样形成的？……昆虫、植物、动物、细菌、霉菌等生物的进化故事也是如此。就算是一个领域里，也有非常之多的故事和秘密等待着我们去挖掘，而这个领域就像是一间大房子一样，我们在这本书中讲的也只是到了这间房子的玄关而已。等大家升入了初中、高中、大学的时候，会学习到更多的知识。在那之前，我们只想让大家慢慢地来接触植物、动物、生态系统、细胞、遗传学等这些玄关里的知识。如果大家在玄关转完了，看完了之后，还想到屋子的内部看看的话，我想就是这本书的成功之处了。

我希望有一天大家可以用一种愉快的心情来系统地学习生物学！这样就可以知道在地球上与我们共同生活的诸多动物、植物还有很多我们肉眼看不到的微小生物的秘密了。希望大家长大之后都可以成为尊重自然、尊重地球和生命的有理想有头脑的人。

如果有到现在为止阅读了《隐藏在自然中的秘密》《无处不在的

身边科学》《向地球提出问题》的故事的孩子的话，我要毫不吝啬地给予你们称赞，赞赏你们的好奇心和耐心。

　　我希望大家可以慢慢地来阅读这本书。只有慢慢仔细地进行思考才能够继续下面的阅读。这本书中没有怪异的故事，没有吸引大家眼球的炫目图画，只有不间断的故事，如果大家能够认真地读完这本书的话，你就是勤于思考的孩子，喜欢书的孩子，真心喜欢科学的孩子！我真想颁发给大家一箩筐的奖状！

著作权合同登记号：图字01-2010-0991号

本书由韩国 HumanKids Publishing Company 授权，独家出版中文简体字版

행복한 과학초등학교 시리즈(像童话一样有趣的科学书第4本～4本：向草和昆虫学科学：생물)
Text Copyright©2008 by Kweon Su-Jin, Kim Sung-Hwa / Illustration Copyright©2008 by Jung Sun-Im All rights reserved.
Original Korean edition was published by HumanKids Publishing Company
Simplified Chinese Translation Copyright©<2010> by
Beijing Jiuzhouding Books Co.,Ltd
Chinese translation rights arranged with HumanKids Publishing Company through AnyCraft-HUB Corp. & Beijing International Rights Agency.

图书在版编目(CIP)数据

向草和昆虫学科学 /（韩）权秀珍 （韩）金成花 著 ；（韩）郑淳任 绘 ；
孙羽译. - 北京：九州出版社，2010.3（2021.11 重印）
　　（像童话一样有趣的科学书）
　　ISBN 978-7-5108-0362-8

　　Ⅰ.①向…　Ⅱ.①权…②金…③郑…④孙…　Ⅲ.①草本植物
- 儿童读物　②昆虫学- 儿童读物　Ⅳ.①Q949.4-49　②Q96-49

　　中国版本图书馆CIP数据核字（2010）第034185号

向草和昆虫学科学

作　　者　（韩）权秀珍　（韩）金成花 著　（韩）郑淳任 绘　孙　羽译
出版发行　九州出版社
地　　址　北京市西城区阜外大街甲35 号（100037）
发行电话　（010）68992190/2/3/5/6
网　　址　www.jiuzhoupress.com
电子信箱　jiuzhou@jiuzhoupress.com
印　　刷　唐山楠萍印务有限公司
开　　本　720 毫米×1000 毫米　16 开
印　　张　11.5
字　　数　148 千字
版　　次　2010 年4 月第1 版
印　　次　2021 年11 月第3 次印刷
书　　号　ISBN 978-7-5108-0362-8
定　　价　39.90 元